机械故障诊断及维修从入门到精通

张能武　主编

化学工业出版社

·北京·

内 容 简 介

　　本书从机械故障的定义与分类出发，简单地讲解了常见机械故障的产生原因与常规对策，较详细地介绍了机械零部件的常用修复技术，有针对性地介绍了典型零件的拆装与维修方法，并分析了典型机械设备的故障原因与排除方法，同时对设备维修后的精度检验以实例的形式予以指导，最后介绍了设备的科学管理方法。全书以点带面，使读者熟悉维修基本过程、掌握维修基本方法、知晓设备管理基本原则，从而可以在此基础上进一步通过更多的实际操作去积累更多的实践经验。

　　本书可供从事机械设备维修、管理人员使用，也可供中、高等院校相关专业的师生参考。

图书在版编目（CIP）数据

机械故障诊断及维修从入门到精通 / 张能武主编 .
—北京：化学工业出版社，2023.11
ISBN 978-7-122-44181-2

Ⅰ. ①机… Ⅱ. ①张… Ⅲ. ①机械设备 - 故障
诊断 Ⅳ. ①TH17

中国国家版本馆 CIP 数据核字（2023）第 180268 号

责任编辑：张燕文　张兴辉　　　　　　　装帧设计：孙　沁
责任校对：杜杏然

出版发行：化学工业出版社（北京市东城区青年湖南街 13 号　邮政编码 100011）
印　　装：北京天宇星印刷厂
787mm×1092mm　1/16　印张 12¾　字数 225 千字　　2024 年 1 月北京第 1 版第 1 次印刷

购书咨询：010-64518888　　　　　　　　　　售后服务：010-64518899
网　　址：http://www.cip.com.cn
凡购买本书，如有缺损质量问题，本社销售中心负责调换。

定　　价：79.80 元

前　言

随着工业技术的进步，机械设备正朝着自动控制、成套和机电一体化方向发展。机械设备是现代社会生产的重要装备，其服务领域很广。机械设备故障诊断及维修是一门涉及知识面广、专业性强的技术，维修后的机械设备质量很大程度上取决于操作人员的技术水平及当今的科技水平。为满足市场对技能型人才的需要，笔者精心编写了本书。

本书从机械故障的定义与分类出发，简单地讲解了常见机械故障的产生原因与常规对策，较详细地介绍了机械零部件的常用修复技术，有针对性地介绍了典型零件的拆装与维修方法，并分析了典型机械设备的故障原因与排除方法，同时对设备维修后的精度检验以实例的形式予以指导，最后介绍了设备的科学管理方法。全书以点带面，使读者熟悉维修基本过程、掌握维修基本方法、知晓设备管理基本原则，从而可以在此基础上进一步通过更多的实际操作去积累更多的实际经验。

机械设备维修与管理涉及方方面面，一本书很难全部讲清讲透，本书旨在帮助读者从认知开始，了解维修的过程、普适方法，并提示读者进一步思考与锻炼的方向。希望通过本书可以帮助读者在自身已有的工作、学习水平上更上一层楼。

本书可供从事机械设备维修和管理人员使用，也可供中、高等院校相关专业师生参考。

本书由张能武主编。参加编写的人员还有：王吉华、高佳、周建华、魏金营、周文军、陶荣伟、许佩霞、王荣、邵健萍、邱立功、任志俊、陈薇聪、唐雄辉、刘文花、张茂龙、钱瑜、张道霞、李稳、邓杨、唐艳玲、张业敏、章奇、陈锡春、方光辉、刘瑞、周小渔、胡俊、王春林、过晓明、刘明洋、周韵、刘欢等。在本书编写过程中，得到了江苏省机械工程学会、无锡市机械工程学会等单位大力支持和帮助，在此表示感谢。

由于编者水平所限，书中不妥之处在所难免，敬请广大读者批评指正。

编　者

目　录

第一章

机械故障与诊断基础

第一节 机械故障的定义与分类

一、机械故障的定义及其判断准则

机械设备在使用过程中，不可避免地会出现磨损、断裂、腐蚀、疲劳、变形、老化等情形，使其性能劣化而丧失规定的功能甚至生产能力，这种现象即失效。按照有关规定，失效是指产品丧失规定的功能，对于可修复的产品通常称为故障。

故障不能仅凭直觉来判定，必须依据一定的判断准则。首先要明确产品保持的规定功能是什么，或者说产品功能丧失到什么程度才算出了故障。有些规定的功能很明确，不会引起不同的认识，如发动机缸体损坏，迫使停机修理。有时规定的功能却难以确定，特别是故障的形成是由于功能逐渐降低的这种情况，例如发动机的磨损超过一定的限度后将会加剧，引起功率降低，燃油消耗率增加，出现这种情况，即是故障。然而，磨损的限度在使用中难以确定，如果减小负荷，增加润滑，有一定磨损的发动机仍然可以继续使用，也可以不计故障，这就需要事先定出标准。

其次，在确定是不是故障时，还要分析故障的后果，主要看故障是否影响产品的生产和设备及人身安全。除了以技术参数中的任一项不符合规定的允许极限作为故障判断的准则外，还要考虑若在这种状态下继续工作，是否会发生不允许的故障后果。

二、机械故障的分类

故障的分类方法多种多样，随着研究目的的不同而异。

① 按故障性质分为自然故障和人为故障。

② 按故障部位分为整体故障和局部故障。故障大多发生在产品最薄弱的部位，对这些部位应重视。

③ 按故障时间分为磨合期故障、正常使用期故障和耗损期故障。在产品的整个寿命周期内，产品通常在耗损期内发生故障的概率较大。

④ 按故障快慢程度分为突发性故障和渐进性故障。突发性故障是指机件在损坏前没有可以察觉的征兆，机件损坏是瞬时出现的。例如因润滑油中断而使零件产生热变形裂纹；因机器使用不当或超负荷运转而引起机件断裂等。突发性故障产生的原因是各种不利因素以及偶然的外界影响共同作用的结果，它具有偶然性、

不可预测性和发生故障的概率与其使用时间无关等特点。渐进性故障是由于机器某些零件的性能参数逐渐恶化，超出允许范围（或极限）而引起的故障。例如机件的配合副磨损超过了允许极限等。大部分机械设备的故障都属于这类故障。产生这类故障的原因与产品材料的磨损、腐蚀、疲劳及蠕变等密切相关，出现故障的时间是在机件有效寿命的后期即耗损期，具有可预测性以及故障发生的概率与其使用时间有关的特点。

⑤ 按故障的相关性分为非相关故障和相关故障。非相关故障是指产品的故障不是由机器其他机件的故障所引起的故障。相关故障则是由机器其他机件的故障所引起的故障。例如发动机的曲轴轴瓦的黏着是由于机油泵不供油的故障引起的，对于轴瓦来说这就属于相关故障；又如发动机配气机构的故障与变速器部件的故障无关，则属于非相关故障。

⑥ 按故障外部特征分为可见故障和隐蔽故障。用肉眼可以发现的故障称为可见故障，如漏油、漏水等，否则为隐蔽故障，如发动机气门断裂等。

⑦ 按故障程度分为完全故障和局部故障。故障程度是用该产品能否继续使用的可能性来衡量的。完全故障是产品性能超过某种确定的界限，以致完全丧失规定功能的故障。局部故障是指产品性能超过某种确定的界限，但没有完全丧失规定功能的故障。

⑧ 按故障原因分为设计方面、生产工艺方面和使用方面带来的故障。这些方面造成故障的原因是：设计或计算错误使产品结构不合理，计算强度或试验方法不合适等；机件的材料质量不合格，加工工艺不合理，加工设备精度不够，以及装配未达到技术要求等；使用过程中未遵守操作规程，或者未按技术要求进行维护、保养、运输和存放等。

⑨ 按故障后果可分为致命故障、严重故障、一般故障和轻微故障。故障后果的严重性主要是指对总成或系统或整机以及人身安全性的影响程度。致命故障是指危及设备和人身安全，引起主要部件报废，造成重大经济损失或对周围环境造成严重危害的故障；严重故障是指可能导致主要零部件严重损坏，或者影响生产安全，且不能采用更换易损件的方法在较短时间内排除的故障；一般故障是指使设备性能下降，但不会导致主要部件严重损坏，并可采用更换易损件的方法在较短时间内排除的故障；轻微故障是指一般不会导致设备性能下降，不需要更换零件，能轻易排除的故障。

按故障后果还可分为功能故障和参数故障。功能故障是指使产品不能继续实现自己的功能，例如减速器不能旋转和传递动力，发动机不能启动，油泵不能供油等；参数故障是指使产品的参数或特性超出允许极限，例如使机器加工精度破坏，机器最高速度达不到标准值等。

三、机械故障等级的划分

划分故障等级就是根据故障后果对系统的影响进行故障分类。通常将致命故障划分为 Ⅰ 级故障，将严重故障划分为 Ⅱ 级故障，将一般故障划分为 Ⅲ 级故障，将轻微故障划分为 Ⅳ 级故障。

划分故障等级所考虑的因素如下。

① 机件出现故障后，造成工作人员或公众的伤亡情况。

② 机件出现故障后，造成产品本身的损坏情况。

③ 机件出现故障后，造成设备不能完成其主要功能或不能执行任务的情况，即对完成规定功能影响的大小。

④ 机件出现故障后，恢复其功能，即排除故障所采取措施的费用、劳动量及停机时间的长短，也就是维修的难易程度和所用时间的长短。

⑤ 机件出现故障后，造成设备失去功能而导致经济上的损失，即导致系统的损失情况。

综上所述，故障等级要综合考虑性能、费用、周期、安全性等诸方面的因素，即考虑机械故障带来的对人身安全、任务完成、经济损失等方面的综合影响。

第二节　机械故障产生的原因及对策

一、故障产生的主要原因及主要内容

故障产生的主要原因及主要内容见表 1-1。

表 1-1　故障产生的主要原因及主要内容

主要原因	主要内容
设计	结构、尺寸、配合、材料、润滑、运动原理等不合理，标准件、外协件等选用有问题
制造	毛坯选择不适合，铸、锻、焊、热处理、切削切工、装配、检验等工序存在问题，出现应力集中、局部和微观金相组织缺陷、微观裂纹等

主要原因	主要内容
安装	找正、找平、找标高不精确，防振措施不妥，地基、基础、垫铁、地脚螺栓设计、施工不当
使用	违反操作规程，操作失误，超载、超压、超速、超时、腐蚀、漏油、漏电、过热、过冷等超过机械设备功能允许范围；机械设备在使用中受到种种因素作用，逐渐损坏或老化，以致发生故障甚至失去应有的功能。涉及外部作用的因素主要有以下几种： ①磨粒作用。大多数机械设备都受到周围环境中的磨粒作用，如果直接与磨粒接触或无任何防护措施，则机械设备寿命会在很宽范围内变化 ②腐蚀作用。金属表面与周围介质发生化学及电化学作用而遭受破坏称为腐蚀。腐蚀和磨损大多同时存在，腐蚀过程伴有摩擦力作用，腐蚀使材料变质、变脆，摩擦使腐蚀层很快脱落 ③自然条件。除了湿度外，还有温度、大气压力、太阳辐射等，可能导致电气设备以及塑料和橡胶制品的各种损坏 ④载荷状况。其对机械状况的影响是不一样的，不同大小的载荷所造成的磨损程度也不同。当载荷高于设计平均载荷时，则机件磨损加剧，甚至导致事故的发生；而减小载荷后，磨损则会减少。研究和实践还表明，间歇性载荷对机件的磨损影响很大
保养	不及时清洗换油、不及时调整间隙、清洁不到位、维修不当、局部改装失误、备件不合格
润滑	润滑系统破坏，润滑剂选择不当、变质、供应不足、错用，润滑油路堵塞等
环境	雷电、暴雨、洪水、风灾、地震、污染、共振等
人员	未经培训、技术等级偏低等
管理	管理不善、保管不当等

二、零件的失效形式及对策

（一）零件的磨损

1. 磨料磨损

磨料磨损也称磨粒磨损，它是由于摩擦副的接触表面之间存在着硬质颗粒，或者当摩擦副材料一方的硬度比另一方的硬度大得多时，所产生的一种类似金属切削过程的磨损现象。它是机械磨损的一种，特征是在接触面上有明显的切削痕迹。在各类磨损中，磨料磨损约占 50%，是十分常见且危害性最严重的一种磨损，其磨损速率和磨损强度很大，致使机械设备的使用寿命大大降低，能源和材料大量消耗。

（1）机理 属于磨粒的机械作用：一种是磨粒沿摩擦表面进行微量切削的过

程；另一种是磨粒使摩擦表面层受交变接触应力作用，表面层产生不断变化的密集压痕，最后由于表面疲劳而剥蚀。磨粒的来源有外界沙尘、切屑、表面磨损产物、材料组织的表面硬点及夹杂物等。

磨料磨损的显著特点是，磨损表面具有与相对运动方向平行的细小沟槽，有螺旋状、环状或弯曲状细小切屑及部分粉末。

（2）对策　磨料磨损是由磨粒与摩擦副表面的机械作用引起的，因而磨料磨损的对策可从表 1-2 中所列的两方面着手。

表 1-2　磨料磨损的对策

对策	说　明
减少磨料的进入	对机械设备中的摩擦副应阻止外界磨料进入并及时清除磨合过程中产生的磨屑。具体措施是配备空气滤清器及燃油、机油过滤器；增加用于防尘的密封装置等；在润滑系统中装入吸铁石、集屑房及油污染程度指示器；经常清理更换空气、燃油、机油滤清装置
增强零件摩擦表面的耐磨性	一是选用耐磨性能好的材料；二是对于要求耐磨又有冲击载荷作用的零件，可采用热处理和表面处理的方法改善零件表面的材料性质，提高表面硬度，尽可能使表面硬度超过磨粒的硬度；三是对于精度要求不太高的零件，可在工作面上堆焊耐磨合金以提高其耐磨性

2. 黏着磨损

构成摩擦副的两个摩擦表面，在相对运动时接触表面的材料从一个表面转移到另一个表面所引起的磨损称为黏着磨损。根据零件摩擦副表面破坏程度，黏着磨损可分为轻微磨损、涂抹、擦伤、撕脱以及咬死五类。

（1）机理　摩擦副在重载条件下工作，因润滑不良、相对运动速度高、摩擦等原因产生的热量来不及散发，摩擦副表面产生极高的温度，严重时表层金属局部软化或熔化，表面材料强度降低，使承受高压的表面凸起部分相互黏着，继而在相对运动中被撕裂下来，使材料从强度低的表面转移到强度高的表面。

（2）对策　黏着磨损的对策见表 1-3。

表 1-3　黏着磨损的对策

对策	说　明
控制摩擦副的表面状态	摩擦表面越光洁（表面粗糙度过分小），越易发生黏着磨损。金属表面存在吸附膜，当有塑性变形后，金属滑移，或者温度升高至 100～200℃时吸附膜被破坏，这些都容易导致黏着磨损的发生。为了减少黏着磨损，应根据载荷、温度、速度等工作条件，选用适当的润滑剂，或在润滑剂中加入添加剂等，以建立必要的润滑条件。大气中的氧通常会在金属表面形成一层保护性氧化膜，也能防止金属直接接触发生黏着，有利于减少摩擦和磨损

对策	说　明
控制摩擦副表面的材料成分与金相组织	材料成分和金相组织相近的两种金属材料之间最容易发生黏着磨损，这是因为两摩擦副表面的材料形成固溶体或金属间化合物的倾向强烈。因此，作为摩擦副的材料应当是形成固溶体倾向最小的两种材料，即应当选用不同材料成分和晶体结构的材料。在摩擦副的一个表面上覆盖铅、锡、银、铜等金属或者软的合金可以提高其抗黏着磨损的能力，如经常用巴氏合金、铝青铜等作为轴承衬瓦的表面材料，钢与铸铁配对的抗黏着性能也不错
改善热传递条件	通过选用导热性能好的材料，对摩擦副进行冷却降温或采取适当的散热措施，以降低摩擦副相对运动时的温度，保持摩擦副的表面强度

3. 疲劳磨损

疲劳磨损是摩擦副材料表面上局部区域在循环接触应力周期性作用下产生疲劳裂纹而发生材料微粒脱落的现象。

（1）机理　疲劳磨损的过程就是裂纹产生和扩展、微粒形成和脱落的破坏过程。根据裂纹产生的位置，疲劳磨损的机理有表 1-4 中所列的两种情况。

表 1-4　疲劳磨损的机理

类别	说　明
滚动接触疲劳磨损	滚动轴承、传动齿轮等有相对滚动的摩擦副表面间出现深浅不同的针状、痘斑状凹坑（深度在 $0.1 \sim 0.2$mm 以下）或较大面积的微粒脱落，都是由滚动接触疲劳磨损造成的，又称为点蚀或痘斑磨损
滑动接触疲劳磨损	两滑动接触物体在距离表面下 $0.786b$ 处（b 为平面接触区的半宽度）切应力最大，该处塑性变形最剧烈，在周期性载荷作用下的反复变形会使材料表面出现局部强度弱化，并在该处首先出现裂纹。在滑动摩擦力引起的切应力和法向载荷引起的切应力叠加作用下，使最大切应力从 $0.786b$ 处向表面移动，形成滑动疲劳磨损，剥落层深度一般为 $0.2 \sim 0.4$mm

（2）对策　疲劳磨损的对策就是控制影响裂纹产生和扩展的因素，主要有表 1-5 中所列的两方面。

4. 腐蚀磨损

运动副在摩擦过程中，金属同时与周围介质发生化学反应或电化学反应，金属表面形成腐蚀产物并剥落，这种现象称为腐蚀磨损。

（1）机理　腐蚀磨损是腐蚀与机械磨损相结合而形成的一种磨损现象，因此腐蚀磨损的机理与磨料磨损、黏着磨损和疲劳磨损的机理不同，它是一种极为复杂的磨损过程，经常发生在高温或潮湿的环境中，更容易发生在有酸、碱、盐等特殊介质存在的条件下。根据腐蚀性介质及材料性质的不同，通常将腐蚀磨损分为氧化磨损和特殊介质腐蚀磨损两大类（见表 1-6）。

表 1-5　疲劳磨损的对策

对策	说　明
合理选择材质和热处理	钢中非金属夹杂物的存在易引起应力集中，这些夹杂物的边缘最易形成裂纹，从而降低材料的接触疲劳寿命。材料的组织状态、内部缺陷等对磨损也有重要的影响。通常，晶粒细小、均匀，碳化物呈球状且均匀分布，均有利于提高滚动接触疲劳寿命。在未溶解的碳化物状态相同的条件下，马氏体中碳的质量分数为 0.4% ～ 0.5% 时，材料的强度和韧性配合较佳，接触疲劳寿命高。对未溶解的碳化物，通过适当热处理，使其趋于量少、晶粒细小、均布，避免粗大的针状碳化物出现，都有利于消除疲劳裂纹。硬度在一定范围内增加，其接触疲劳抗力也将随之增大。例如，轴承钢表面硬度为 62HRC 左右时，其抗疲劳磨损能力最大；对传动齿轮的齿面，硬度在 58 ～ 62HRC 范围内最佳。此外，两接触滚动体表面硬度匹配也很重要，例如滚动轴承中，以滚道和滚动元件的硬度相近，或者滚动元件比滚道硬度高出 10% 为宜
合理选择表面粗糙度	实践表明，适当减小表面粗糙度是提高抗疲劳磨损能力的有效途径。例如，将滚动轴承的表面粗糙度 Ra 值从 0.4μm 减小到 0.2μm 时，寿命可提高 2 ～ 3 倍；从 0.2μm 减小到 0.1μm 时，寿命又可提高 1 倍；而减小到 0.05μm 以下则对寿命的提高影响甚小。表面粗糙度要求的高低与表面承受的接触应力有关，通常接触应力大或表面硬度高时，均要求表面粗糙度要小

表 1-6　腐蚀磨损的机理

类别	说　明
氧化磨损	在摩擦过程中，摩擦表面在空气中的氧或润滑剂中的氧的作用下所生成的氧化膜很快被机械摩擦去除的磨损形式称为氧化磨损。工业中应用的金属绝大多数都能被氧化而生成表面氧化膜，这些氧化膜的性质对磨损有着重要的影响。若金属表面生成致密完整、与基体结合牢固的氧化膜，且膜的耐磨性能很好，则磨损轻微；若膜的耐磨性不好则磨损严重。例如，铝和不锈钢都易形成氧化膜，相对于不锈钢，铝表面氧化膜的耐磨性不好，因此不锈钢具有的抗氧化磨损能力比铝强
特殊介质腐蚀磨损	在摩擦过程中，环境中的酸、碱等作用于摩擦表面上所形成的腐蚀产物迅速被机械摩擦所除去的磨损形式称为特殊介质腐蚀磨损。这种磨损的机理与氧化磨损相似，但磨损速率较氧化磨损高得多。介质的性质、环境温度、腐蚀产物的强度与附着力等都对磨损速率有重要影响。这类腐蚀磨损出现的概率很高，如流体输送泵，当其输送带腐蚀性的流体，尤其是含有固体颗粒的流体时，与流体有接触的部位都会受到腐蚀磨损

（2）对策　腐蚀磨损的对策见表 1-7。

表 1-7　腐蚀磨损的对策

对策	说　明
合理选择材质和对表面进行抗氧化处理	选择含铬、镍、钼、钨等成分的钢材，提高运动副表面的抗氧化磨损能力。或者对运动副表面进行喷丸、滚压等强化处理，或者对表面进行阳极化处理等，使金属表面生成致密的组织或氧化膜，提高其抗氧化磨损能力

对策	说　明
控制腐蚀性介质的形成条件与作用方式	对于特殊介质作用下的腐蚀磨损，可以通过控制腐蚀性介质的形成条件，选用合适的耐磨材料以及改变腐蚀性介质的作用方式来减小腐蚀磨损速率

5. 微动磨损

两个固定接触表面由于相对小振幅振动而产生的磨损称为微动磨损，主要发生在相对静止的零件接合面上，例如键连接表面、过盈或过渡配合表面、机体上用螺栓连接和铆钉连接的表面等，因而往往易被忽视。其主要危害是使配合精度下降，连接件松动乃至分离，严重者还会引起事故。微动磨损还易引起应力集中，导致连接件疲劳断裂。

（1）机理　微动磨损是一种兼有磨料磨损、黏着磨损和氧化磨损的复合磨损形式。微动磨损通常集中在局部范围内，接触应力使接合面的微凸体产生塑性变形，并发生金属的黏着；黏着点在外界的小振幅振动反复作用下被剪切，黏附金属脱落，剪切处表面被氧化；两接合面不脱离接触，磨损产物不易排除，磨屑在接合面因振动而起着磨料的作用。

（2）对策　微动磨损的对策主要有表 1-8 中所列的几个方面。

表 1-8　微动磨损的对策

对策	说　明
改善材料性能	选择适当材料配对以及提高硬度都可以减少微动磨损。一般来说，抗黏着性能好的材料配对，其抗微动磨损性能也好，而铝对铸铁、铝对不锈钢、工具钢对不锈钢等抗黏着性能差的材料配对，其抗微动磨损性能也差。将碳钢表面硬度从 180HV 提高到 700HV 时，微动磨损可减少 50%。采用表面硫化处理或磷化处理以及镀聚四氟乙烯也是减少微动磨损的有效措施
控制载荷和增加预应力	在一定条件下，微动磨损量随载荷的增加而增加，但增大的速率会不断减小，当超过某临界载荷后，磨损量则减小。可通过控制过盈配合的预应力或过盈量来有效地减缓微动磨损
控制振幅	振幅较小时，磨损率也较小；当振幅在 $50 \sim 150\mu m$ 时，磨损率会显著上升。因此，应有效地将振幅控制在 $30\mu m$ 以内
合理控制温度	低碳钢在 0℃ 以上，磨损量随温度上升而逐渐降低；在 $150 \sim 200$℃ 时磨损量会突然降低；继续升高温度，则磨损量上升，温度从 135℃ 升高到 400℃ 时，磨损量会增加 15 倍。中碳钢在其他条件不变时，温度为 130℃ 的情况下微动磨损发生转折，超过此温度，微动磨损量大幅度降低
选择合适的润滑剂	普通的液体润滑剂对防止微动磨损效果不佳；黏度大、滴点高、抗剪切能力强的润滑脂对防止微动磨损有一定的效果；效果最佳的是固体润滑剂，如 MoS_2 等

（二）零件的变形

1. 变形的类型

（1）弹性变形　是指金属在外力去除后能完全恢复的那部分变形。弹性变形的机理，是晶体中的原子在外力作用下偏离了原来的平衡位置，使原子间距发生变化，从而造成晶格的伸缩或扭曲。因此，弹性变形量很小，一般不超过材料原来长度的 0.1% ～ 1.0%。而且金属在弹性变形范围内符合胡克定律，即应力与应变成正比。

许多金属材料在低于弹性极限应力作用下会产生滞后的弹性变形。在一定大小应力的作用下，试样将产生一定的平衡应变。但该平衡应变不是在应力作用的一瞬间产生，而需要应力持续充分的时间后才会完全产生。应力去除后平衡应变也不是在一瞬间完全消失，而是需经充分时间后才完全消失。平衡应变滞后于应力的现象称为弹性滞后或弹性后效。曲轴等经过冷校直的零件，经过一段时间后又发生弯曲，就是弹性后效所引起的。消除弹性后效的办法是长时间的回火，一般钢件的回火温度为 300 ～ 450℃。

在金属零件使用过程中，若产生超过设计允许的超量弹性变形，则会影响零件正常工作。例如，传动轴工作时，超量弹性变形会引起轴上齿轮啮合状况恶化，影响齿轮和支承它的滚动轴承的工作寿命；机床导轨或主轴超量弹性变形，会引起加工精度降低甚至不能满足加工精度要求。因此，在机械设备运行中防止超量弹性变形是十分必要的。

（2）塑性变形　是指金属在外力去除后，不能恢复的那部分永久变形。实际使用的金属材料，大多数是多晶体，且大部分是合金。由于多晶体有晶界的存在，各晶粒位向的不同以及合金中溶质原子和异相的存在，不但使各个晶粒的变形互相阻碍和制约，而且会严重阻碍位错的移动。因此，多晶体的变形抗力比单晶体的高，而且使变形复杂化。由此可见，晶粒愈细，则单位体积内的晶界愈多，因而塑性变形抗力也愈大，即强度愈高。

金属材料经塑性变形后，会引起组织结构和性能的变化。较大的塑性变形，会使多晶体的各向同性遭到破坏，而表现出各向异性；也会使金属产生加工硬化现象。同时，由于晶粒位向差别和晶界的封锁作用，多晶体在塑性变形时，各个晶粒及同一晶粒内部的变形是不均匀的。因此，外力去除后各晶粒的弹性恢复也不一样，因而在金属中产生内应力或残余应力。另外，塑性变形使原子活泼能力提高，造成金属的耐腐蚀性下降。

塑性变形导致机械零件各部分尺寸和外形的变化，将引起一系列不良后果。例如，机床主轴塑性弯曲，将不能保证加工精度，导致废品率增大，甚至使主轴不能工作。零件的局部塑性变形虽然不像零件的整体塑性变形那样明显引起失效，但也是引起零件失效的重要形式。如键连接、花键连接、挡块和销钉等，由于静压力作用，通常会引起配合的一方或双方的接触表面挤压而产生局部塑性变形，随着挤压变形的增大，特别是那些能够反向运动的零件将引起冲击，使原配合关系破坏的过程加剧，从而导致机械零件失效。

2. 变形的原因

引起零件变形的主要原因见表 1-9。

表 1-9　引起零件变形的主要原因

原因	说　明
工作应力	外载荷产生的工作应力超过零件材料的屈服极限时，就会使零件产生永久变形
工作温度	温度升高，金属材料的原子热振动增大，临界切变抗力下降，容易产生滑移变形，使材料的屈服极限下降；或零件受热不均，各处温差较大，产生较大的热应力，引起变形
残余内应力	零件在毛坯制造和切削加工过程中，都会产生残余内应力，影响零件的静强度和尺寸稳定性。这不仅使零件的弹性极限降低，还会产生减小内应力的塑性变形
材料内部缺陷	材料内部夹杂、硬质点、应力分布不均等，造成使用过程中零件变形

3. 变形的对策

引起变形的原因是多方面的，减少变形的措施应从表 1-10 中所列的几方面考虑。

表 1-10　变形的对策

项目	说　明
设计	在设计时不仅要考虑零件的强度、刚度，还要重视零件的制造、装配、使用、拆卸、维修等一系列问题 ①正确选材，注意材料的工艺性能。例如铸造的流动性、收缩性；锻造的可锻性、冷镦性；焊接的冷裂、热裂倾向；机械加工的可切削性；热处理的淬透性、冷脆性等 ②选择适当的结构，合理布置零部件，改善其受力状况。例如避免尖角、棱角，将其改为圆角、倒角；厚薄悬殊的部分可开工艺孔或加厚过薄的部位；安排好孔洞位置，把盲孔改为通孔；形状复杂的零件尽可能采用组合结构、镶拼结构等 ③注意应用新技术、新工艺和新材料，减少制造时的内应力和变形

项目	说　明
加工	在加工中要采取一系列工艺措施来防止和减少变形 ①对毛坯要进行时效处理，以消除其残余内应力 ②在制定机械零件加工工艺规程时，要在工序、工步的安排以及工艺装备和操作上采取减小变形的工艺措施。例如按照粗、精加工分开的原则，在粗、精加工中间留出一段存放时间，以利于消除内应力 ③机械零件在加工过程中要减少基准的转换，尽量保留工艺基准以便维修时使用，减少维修加工中因基准不统一而造成的误差。对于经过热处理的零件来说，注意预留加工余量、调整加工尺寸、预加变形非常必要。在知道零件的变形规律后，可预先加以反向变形，经热处理后两者抵消；也可预加应力或控制应力的产生和变化，使最终变形量符合要求，达到减小变形的目的
检修	①为了尽量减小零件在检修中产生的应力和变形，在机械大修时不能只检查配合面的磨损情况，对于相互位置精度也必须认真检查和修复 ②制定合理的检修标准，并设计简单可靠、易操作的专用工具、检具、量具，同时注意大力推广维修新技术、新工艺
使用	①加强设备管理，严格执行安全操作规程，加强机械设备的检查和维护，避免超负荷运行和局部高温 ②注意正确安装设备，精密机床不能用于粗加工，合理存放备品备件等

（三）零件的断裂

零件断裂后形成的表面称为断口。

1. 断裂的类型

断裂的类型很多，与断裂的原因密切相关，工程中分为五种类型（见表 1-11）。

表 1-11　断裂的类型

类型	说　明
过载断裂	当外力超过零件危险截面所能承受的极限应力时发生的断裂。其断口特征与材料拉伸试验断口形貌类似。钢等韧性材料在断裂前有明显的塑性变形，断口有颈缩现象，呈杯锥状，称韧性断裂，分析失效原因应从设计、材质、工艺、使用载荷、环境等角度考虑。铸铁等脆性材料断裂前几乎无塑性变形，发展速度极快，断口平齐光亮，且与正应力垂直，称脆性断裂，由于发生脆性断裂之前无明显的预兆，事故的发生具有突然性，因此脆性断裂是一种非常危险的断裂破坏形式
腐蚀断裂	零件在有腐蚀性介质的环境中承受低于抗拉强度的交变应力作用，经过一定时间后产生的断裂。断口的宏观形貌呈现脆性特征，即使是韧性材料也如此。裂纹源常常发生在表面且呈多发源。在断口上可以看到腐蚀特征

类型	说　　明
低应力脆性断裂	有两种：一种是零件制造工艺不正确或使用环境温度低，使材料变脆，在低应力下发生脆断，常见的有钢材回火脆断和低温下脆断；另一种是由于氢的作用，零件在低于材料屈服极限的应力作用下导致的氢脆断裂，氢脆断裂的裂纹源在次表层，裂纹源不是一点而是一小片，裂纹扩展区呈氧化色颗粒状，与断裂区成鲜明对比，断口宏观上平齐
蠕变断裂	金属零件在长时间的恒温、恒应力作用下，即使受到小于材料屈服极限的应力作用，也会随着时间的延长而缓慢产生塑性变形，最后导致零件断裂。在蠕变断裂断口附近有较大变形，并有许多裂纹，多为沿晶断裂，断口表面有氧化膜，有时还能见到蠕变孔洞
疲劳断裂	金属零件经过一定次数的循环载荷或交变应力作用后引发的断裂。在机械零件的断裂失效中，疲劳断裂占很大的比重，为50%～80%。轴、齿轮、内燃机连杆等都承受交变载荷，若发生断裂多为疲劳断裂。疲劳断裂断口的宏观特征明显分为三个区域，即疲劳源区、疲劳裂纹扩展区和瞬时破断区。疲劳源区是疲劳裂纹最初形成的地方，它一般总是发生在零件的表面，但若材料表面进行了强化或内部有缺陷，也在皮下或内部发生。疲劳裂纹扩展区最明显的特征是常常呈现宏观的疲劳弧带，疲劳弧带大致以疲劳源为核心，似水波形式向外扩展，形成许多同心圆或同心弧带，其方向与裂纹扩展方向相垂直。瞬时破断区是当疲劳裂纹扩展到临界尺寸时发生的快速破断区，其宏观特征与静载拉伸断口中快速破断的放射区及剪切唇相同

2. 失效分析与对策

（1）失效分析　见表1-12。

表1-12　断裂的失效分析

步骤	说　　明
现场调查	断裂发生后，要迅速调查了解断裂前后的各种情况并做好记录，必要时还应录像、拍照。对零件破断后的断口碎片应严加保护，防止氧化、腐蚀和污染，在未查清断口特征和照相记录前，不允许移动碎片和清洗断口
分析主导失效件	一个关键零件发生断裂失效后，往往会造成其他关联零件及构件的断裂。出现这种情况时，要理清次序，准确找出起主导作用的断裂件，否则会误导分析结果。主导失效件可能已经支离破碎，应搜集残块，拼凑起来，找出哪一条裂纹最先发生，这一条裂纹即为主导裂纹
断口分析	首先进行断口的宏观分析，用肉眼或20倍以下的低倍放大镜，对断口进行观察和分析。分析前可对破损零件的油污进行清洗，对锈蚀的断口可采用化学法、电化学法除锈，去除氧化膜；要仔细观察断口的形貌、裂纹的位置、断口与变形方向的关系，判断出裂纹与受力之间的关系及裂纹源位置，断裂的原因、性质等，为微观分析提供依据。然后进行断口的微观分析，用金相显微镜或电子显微镜进一步观察分析断口形貌与显微组织的关系，断裂过程中微观区域的变化，断口金相组织及夹杂物的性质、形状、分布以及显微硬度

步骤	说　明
进行检验	进行金相组织、化学成分、力学性能的检验，以便研究材料是否有宏观或微观缺陷，裂纹分布与发展以及金相组织是否正常等。复验金属化学成分是否符合要求，以及常规力学性能是否合格等
确定失效原因	确定零件的失效原因时，应对零件的材质、制造工艺、载荷状况、装配质量、使用年限、工作环境中的介质和温度、同类零件的使用情况等详细了解和分析，再结合断口的宏观特征、微观特征准确判断，确定断裂失效的主要原因和次要原因

（2）对策　见表 1-13。

表 1-13　断裂的对策

项目	说　明
设计	零件结构设计时，应尽量减少应力集中，根据环境介质、温度、载荷性质合理选择材料
工艺	表面强化处理可大大提高零件疲劳寿命，适当的表面涂层可防止杂质造成的脆性断裂。在对某些材料进行热处理时，在炉中通入保护气体可大大改善其性能
安装使用	要正确安装，防止产生附加应力与振动，对重要零件应防止碰伤、拉伤；应注意正确使用，保护设备的运行环境，防止腐蚀性介质的侵蚀，防止零件各部分温差过大，如有些设备在冬季生产时需先低速空运转一段时间，待各部分预热后才能负荷运转

（四）零件的腐蚀

零件的腐蚀是指金属材料与周围介质产生化学或电化学反应造成的表面材料损耗、表面质量破坏、内部晶体结构损伤，最终导致零件失效的现象。金属零件的腐蚀具有以下特点：损伤总是由金属表层开始，表面常常有外形变化，如出现凹坑、斑点、溃破等；被破坏的金属转变为氧化物或氢氧化物等化合物，腐蚀产物部分附着在金属表面上，如钢板锈蚀表面附着一层氧化铁。

1. 腐蚀的类型

按金属与介质作用机理，机械零件的腐蚀可分为化学腐蚀和电化学腐蚀两大类（见表 1-14）。

2. 腐蚀的对策

腐蚀的对策见表 1-15。

表 1-14　腐蚀的类型

类型	说　明
化学腐蚀	金属和介质发生化学作用而引起的腐蚀，在这一腐蚀过程中不产生电流，介质是非导电的。化学腐蚀一般有两种形式：一种是气体腐蚀，指在干燥空气、高温气体等介质中的腐蚀；另一种是非电解质溶液中的腐蚀，指在有机液体、汽油和润滑油等介质中的腐蚀，它们与金属接触时发生化学反应形成表面膜，在不断脱落又不断生成的过程中使零件腐蚀。大多数金属在室温下的空气中就能自发地氧化，在表面形成氧化层之后，如能有效地隔离金属与介质间的物质传递，就成为保护膜；如果氧化层不能有效阻止氧化反应的进行，那么金属将不断地被腐蚀
电化学腐蚀	电化学腐蚀是金属与电解质接触时产生的腐蚀，大多数金属的腐蚀都属于电化学腐蚀。金属电化学腐蚀的特点是，引起腐蚀的介质是具有导电性的电解质，腐蚀过程中有电流产生。电化学腐蚀比化学腐蚀普遍而且要强烈得多

表 1-15　腐蚀的对策

项目	说　明
正确选材	根据环境介质和使用条件，选择合适的耐腐蚀材料，如含有镍、铬、铝、硅、钛等元素的合金钢；在条件许可的情况下，尽量选用尼龙、塑料、陶瓷等材料
合理设计结构	设计零件结构时应尽量使各个部位的所有条件一致，做到结构合理，外形简化，表面粗糙度合适，应避免电位差很大的金属材料相互接触，还应避免产生应力集中、热应力及流体停滞和聚集的结构以及局部过热等现象
覆盖保护层	在金属表面上覆盖耐腐蚀的金属保护层，也可覆盖非金属保护层，还可用化学或电化学方法在金属表面覆盖一层化合物薄膜，如磷化、发蓝、钝化、氧化等
电化学保护	电化学腐蚀是由于金属在电解质溶液中形成了阳极区和阴极区，存在一定的电位差，组成了化学电池而引起的腐蚀。电化学保护就是对被保护的机械零件通以直流电流进行极化，以消除电位差，使之达到某一电位时，被保护金属的腐蚀可以很小，甚至呈无腐蚀状态。这种方法要求介质必须导电和连续
添加缓蚀剂	在腐蚀性介质中加入少量能减少腐蚀速度的缓蚀剂，可减轻腐蚀。缓蚀剂有无机缓蚀剂和有机缓蚀剂两类。无机缓蚀剂如重铬酸钾、硝酸钠、亚硫酸钠等。有机缓蚀剂如胺盐、琼脂、动物胶、生物碱等。在使用缓蚀剂防腐时，应特别注意其类型、浓度及有效时间
改变环境条件	将环境中的腐蚀性介质去掉，如采用强制通风，除湿、除二氧化硫等有害气体，以减少腐蚀损伤

第二章

零件的修复技术

第一节　机械修复技术

利用机械连接，如铆接、销连接、螺纹连接、键连接、过盈连接和机械变形等各种机械方法，使磨损、断裂、缺损的零件得以修复的方法，称为机械修复。机械修复可利用现有设备和技术，适应多种损坏形式，不受高温影响，受材质和修补层厚度的限制少，工艺易行，质量易于保证，有的还可为以后的修理创造条件，因此应用很广。缺点是受到零件结构和强度、刚度的限制，工艺较复杂，被修件硬度高时难以加工，精度要求高时难以保证。

一、局部修换法

有些零件在使用过程中，往往各部位的磨损量不均匀，有时只有某个部位磨损严重，其余部位尚好或磨损轻微。在这种情况下，如果零件结构允许，可将磨损严重的部位切除，将这部分重制新件，用机械连接、焊接或粘接的方法固定在原来的零件上，使零件得以修复。

图 2-1（a）是将双联齿轮中磨损严重的小齿轮的轮齿切去，重制一个小齿圈，用键连接，并用骑缝螺钉固定；图 2-1（b）是在保留的轮毂上，铆接重制的齿圈；图 2-1（c）是局部修换牙嵌式离合器并粘接固定。

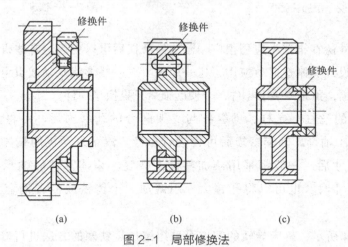

(a)　　　　(b)　　　　(c)

图 2-1　局部修换法

二、镶加零件法

在结构和强度允许的条件下，可以增加一个零件来补偿磨损的部分，以恢复原有精度。

如图2-2所示,在零件裂纹附近局部镶加补强板,一般采用钢板加强,螺栓连接。脆性材料裂纹应钻止裂孔,通常在裂纹末端钻直径为$\phi 3 \sim 6mm$的孔。

如图2-3所示,对损坏的孔,可镗大镶套。孔镗大应保证足够刚度,套的外径应保证与孔有适当的过盈量,套的内径可事先按照轴的配合要求加工好,也可留有加工余量,镶入后再切削加工至要求的尺寸。对损坏的螺孔,可将旧孔扩大,再切削螺纹,然后加工一个内外均有螺纹的螺套拧入螺孔中,螺套内螺纹即可恢复原尺寸。对损坏的轴颈也可用镶套法修复。

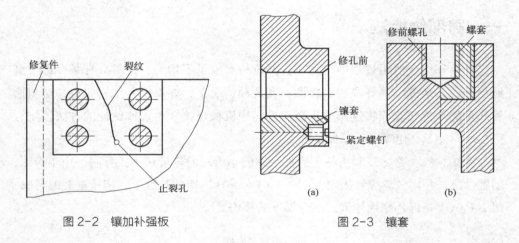

图2-2　镶加补强板　　　　　　　　　　图2-3　镶套

镶加零件法在维修中应用很广,镶加件磨损后可以更换。有些机械设备的某些结构,在设计和制造时就应用了这一原理。对一些形状复杂或贵重零件,在容易磨损的部位,预先镶装上零件,以便磨损后只更换镶加件。

车床上的丝杠、光杠、操纵杠与支架配合的孔磨损后,可将支架上的孔镗大,然后压轴套。轴套磨损后可再进行更换。汽车发动机的整体式气缸,磨损到极限尺寸后,一般都采用镶加零件法修复。箱体零件的轴承座孔,磨损超过极限尺寸时,也可以将孔镗大,用镶加一个铸铁或低碳钢套的方法进行修复。

如图2-4所示,机床导轨的凹坑可采用镶加铸铁塞的方法进行修理。先在凹坑处钻孔、铰孔,然后制作铸铁塞,铸铁塞应能与铰出的孔过盈配合。将铸铁塞压入孔后,再进行导轨精加工。如果铸铁塞与孔配合良好,加工后的接合面非常光滑平整。严重磨损的机床导轨,可采用镶加淬火钢镶块的方法进行修复,如图2-5所示。

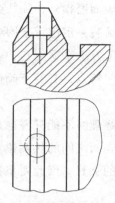

图 2-4　导轨镶加铸铁塞

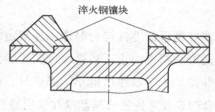

图 2-5　导轨镶加淬火钢镶块

应用这种修复方法时应注意，镶加零件的材料和热处理一般应与基体零件相同，必要时选用比基体性能更好的材料；为了防止松动，镶加零件与基体零件配合要有适当的过盈量，必要时可在端部加止动销、紧定螺钉、骑缝螺钉或采用点焊、粘接等方法定位。

三、调整尺寸法

对机械设备的动配合中较复杂的零件进行修理时可不考虑原来的设计尺寸，采用切削加工或其他加工方法恢复其磨损部位的形状精度、位置精度、表面粗糙度和其他技术条件，从而得到一个新尺寸，这个新尺寸对轴来说比原来的设计尺寸小，对孔来说则比原来的设计尺寸大，称为修理尺寸。与此相配合的零件则按这个修理尺寸制作新件或进行适当修复，保证原有的配合关系不变。

轴、传动螺纹、键槽和滑动导轨等结构都可以采用这种方法修复。但必须注意，修理后零件的强度和刚度仍应符合要求，必要时要进行验算，否则不宜使用该法修理。对于表面热处理的零件，修理后仍应具有足够的硬度，以保证零件修理后的使用寿命。

调整尺寸法的应用极为普遍，为了得到一定的互换件，便于组织备件的生产和供应，大多数修理尺寸均已标准化，各种主要修理零件都规定了各级修理尺寸，如内燃机气缸套的修理尺寸通常规定了几个标准尺寸，以适应尺寸分级的活塞备件。

零件修复中，机械加工是最基本、最重要的方法。多数失效零件需要经过机械加工来消除缺陷，最终达到配合精度和表面粗糙度等要求。它不仅可以作为一种独立的工艺手段获得修理尺寸，直接修复零件，而且还是其他修理方法的修前工艺准备和最后加工必不可少的手段。修复旧件的机械加工与新制件的机械加工相比具有不同的特点：其加工对象是成品；旧件除工作表面磨损外，往往会有变形；一般加工余量小；原来的加工基准多数已经破坏，给装夹定位带来困难；加工表面性能已定，一般不能利用工序来调整，只能以加工方法来适应它；多为单件生产，加工表面多样，组织生产比较困难等。了解这些特点，有利于确保修理质量。

要使修理后的零件符合制造图样规定的技术要求，修理时不能只考虑加工表面本身的形状精度要求，还要保证加工表面与其他未修表面之间的相互位置精度要求，并使加工余量尽可能小。必要时，需要设计专用的夹具。因此要根据具体情况，合理选择零件的修理基准和采用适当的加工方法。

加工后零件表面粗糙度对零件的使用性能和寿命均有影响，如对零件工作精度、疲劳强度、耐腐蚀性、零件之间配合性质以及保持稳定性等的影响。对承受冲击和交变载荷、重载、高速的零件更要注意表面质量，同时还要注意轴类零件的圆角半径，避免形成应力集中。另外，对高速运转的零件，修复时还要保证其应有的静平衡和动平衡要求。

机械加工的修理方法简便易行，修理质量稳定可靠，经济性好，在旧件修复中应用十分广泛。其缺点是零件的强度和刚度被削弱，需要修复或更换相配件，使零件互换性复杂化。应加强修理尺寸的标准化。

四、塑性变形法

利用金属的塑性变形能力，使零件在一定外力作用下改变其几何形状而不损坏。塑性变形法使用的也是一般压力加工的方法，但其工作的对象不是毛坯，而是具有一定形状的磨损零件。该法是将零件非工作部位的部分金属转移到零件磨损的部位，以恢复其尺寸。采用这种方法不仅改变了零件的外形，而且还改变了金属的组织结构。它分为镦粗法、挤压法和扩张法。

镦粗法是借助压力来增加零件的外径，以补偿外径的磨损，主要用来修复有色金属套筒和滚柱形零件。挤压法是利用压力将零件不需要严格控制尺寸部分的材料挤压到磨损部分，主要适用于筒形零件内径的修复。扩张法的原理与挤压法相同，不同的是零件受压向外扩张，以增大外形尺寸，补偿磨损部分。

五、金属扣合法

利用高强度合金材料制成的特殊连接件以机械方式将损坏的机件重新牢固地

连接成一体。金属扣合法分为强固扣合法、强密扣合法、优级扣合法和热扣合法四种（见表2-1）。在修理中可针对机件损坏的不同情况、技术要求和具体条件，采用一种方法或多种方法联合使用，以达到最佳效果。金属扣合法主要适用于大型铸件裂纹或折断部位的修复。

金属扣合法的技术特点：整个过程能在常温下进行，排除了热变形的不利因素；能避免应力集中；方法简便，可采用手工操作；能够实行快速修理。

表2-1　金属扣合法的分类及其修复技术

方法	说　明
强固扣合法	适用于修复壁厚为 8 ～ 40mm 的一般强度要求的零件。先在垂直于损坏零件的裂纹或折断面接合线上，铣或钻出具有一定形状和尺寸的波形槽，然后镶入形状与波形槽吻合的波形键，并在常温下铆击，使波形键产生塑性变形而充满波形槽，甚至使其嵌入铸铁基体内。由于波形键的凸缘和波形槽相互扣合，使损坏件重新形成牢固的整体（见图 2-6） 波形槽尺寸的确定如图 2-7 所示，包括凸缘尺寸 d、宽度 b、间距 l、厚度 t 等。通常将 d、b、l 归纳成标准尺寸，设计时根据零件受力大小和铸件壁厚分别决定波形槽的凸缘个数、每个断裂部位安装的波形键数和波形槽之间的距离等项
强密扣合法	对于有密封要求的零件，如承受高压的气缸和高压容器等防渗漏的零件，应采用强密扣合法，如图 2-8 所示 先用波形键使损坏的零件形成一个牢固的整体，然后在两波形键之间、裂纹或折断面的接合线上，按一定间隔加工出数个缀缝栓孔，并使后面的缀缝栓孔稍微切入已装好的波形键和缀缝栓，形成一条密封的"金属纽带"，阻止流体受压渗漏
优级扣合法	主要用以修复在工作过程中要求承受高载荷的厚壁机件，如水压机横梁、轧钢机主架、辊筒等。仅采用波形键扣合，不能得到可靠的修复质量，需在垂直于裂纹或折断面接合线的方向上镶入钢制砖形加强件，使载荷能分布到更多的面积上和更远离裂纹或折断面（见图 2-9） 钢制砖形加强件与零件的连接大多采用缀缝栓。缀缝栓的中心安排在接合线上，使其一半嵌在加强件上，另一半留在零件基体内。如有必要，连接时可以再加入波形键。加强件除了可制成如图 2-9 所示的砖形外，在修复铸钢零件时，也可以设计成如图 2-10 所示的形式 对于承受多种载荷的零件，加强件可设计成十字形，如图 2-11 所示。采用双 X 形的加强件，在铆击过程中还能使裂纹开裂处不断拉紧和使加强件长度缩短（见图 2-12） 修复零件如果要承受冲击载荷，在加强件靠近裂纹附近则不用缀缝栓固定，以使修复区域能保持一定的弹性，如图 2-13 所示 弯角附近的裂纹往往是由弯曲载荷引起的，修复时必须考虑使修复件具有抵抗弯曲载荷的能力。在零件裂纹上加工一排凹槽，凹槽内装入正确配合的加强件，并用缀缝栓将其扣合，如图 2-14 所示

方法	说　　明
热扣合法	利用金属热胀冷缩原理来修复铸件，将选定的一定形状的扣合件加热后放入零件损坏处已加工好的与扣合件相同的凹槽中，扣合件冷却过程中产生收缩，从而将破裂的零件重新密合 　　这种方法多用来修复大型飞轮、齿轮和重型设备的机身等。如图2-15所示，工字形扣合件适用于修复机件壁部的裂纹

图2-6　强固扣合法

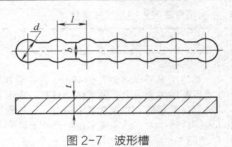

图2-7　波形槽

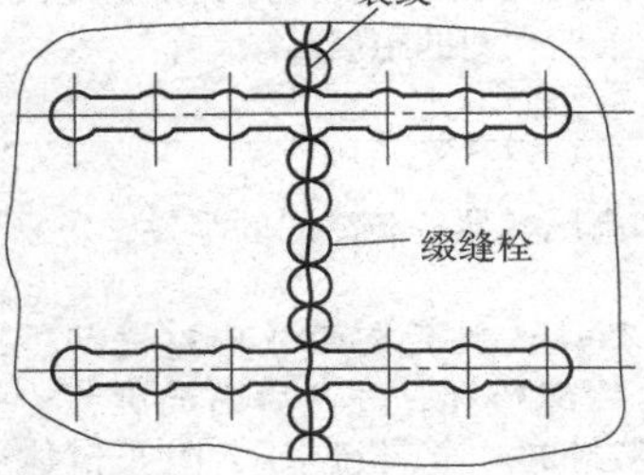

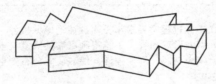

图2-8　强密扣合法

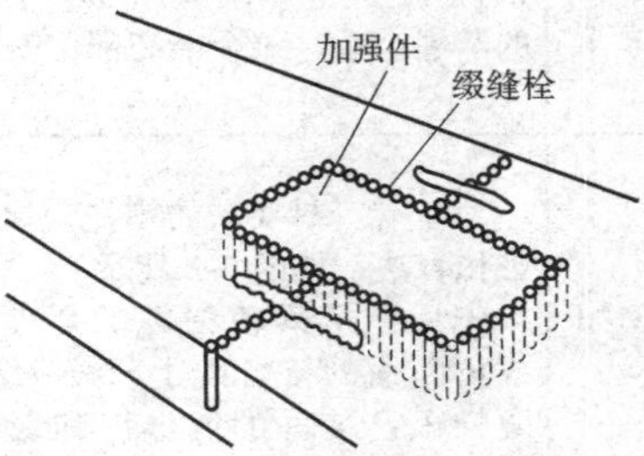

图2-9　优级扣合法

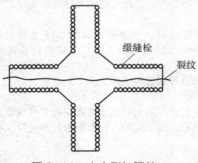

图2-10　加强件

图2-11　十字形加强件

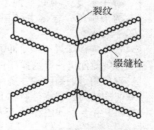

图2-12　双Ⅹ形加强件

22

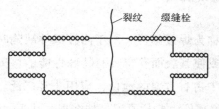

图 2-13　裂纹附近不用缀缝栓固定

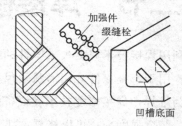

图 2-14　弯角裂纹的加强

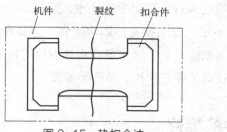

图 2-15　热扣合法

综上所述，可以看出金属扣合法的优点是使修复的机件具有足够的强度和良好的密封性；所需设备、工具简单，可现场施工；修理过程中机件不会产生热变形和热应力等。其缺点主要是厚度小于 8mm 薄壁铸件不宜采用；波形键与波形槽的制作加工较麻烦等。

六、换位法

有些零件局部磨损可采用掉头转向的方法，如长丝杠局部磨损后可掉头使用，单向传力齿轮磨损后可翻转 180° 使用。

如图 2-16 所示，轴上键槽重新开制新槽。如图 2-17 所示，连接孔也可以转过一个角度，在旧孔间重新钻孔。

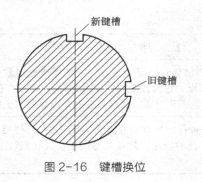

图 2-16　键槽换位

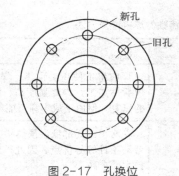

图 2-17　孔换位

第二节　焊接修复技术

利用焊接技术修复失效零件的方法称为焊接修复。用于修补零件缺陷时称为补焊。用于恢复零件几何形状及尺寸，或使其表面获得具有特殊性能的熔覆金属时称为堆焊。焊接修复技术在设备维修中占有重要的地位，应用非常广泛。其特点是：结合强度高；可以修复大部分金属零件由各种原因（如磨损、缺损、断裂、裂纹、凹坑等）引起的损坏；可局部修换；修复质量好，生产率高，成本低，灵活性大；多数工艺简便易行，不受零件尺寸、形状和场地以及修补层厚度的限制，便于野外抢修。其不足之处主要是热影响区大，容易产生焊接变形和应力，以及裂纹、气孔、夹渣等缺陷。对于重要零件焊接后应进行退火处理，以消除内应力。采用此法不宜修复较高精度、细长、薄壳类零件。

一、铸铁零件的焊修

铸铁在机械设备中的应用非常广泛。灰口铸铁主要用于制造各种支座、壳体等基础件，球墨铸铁已在部分零件中取代铸钢而获得应用。

铸铁件焊修时存在以下问题。

① 铸铁含碳量高，焊接时易产生白口，既脆又硬，焊后加工困难，而且容易产生裂纹；铸铁中磷、硫含量较高，也给焊接带来一定困难。

② 焊接时，焊缝易产生气孔或咬边。

③ 铸铁件原有气孔、砂眼、缩松等缺陷也易造成焊接缺陷。

④ 焊接时，如果工艺措施和保护方法不当，易造成铸铁件其他部位变形过大或电弧划伤而使工件报废。

铸铁件焊修要注意提高焊缝与熔合区的可切削性和接头强度，具体方法见表2-2。

表2-2　铸铁件焊接修复方法

方法	说　明
热焊	焊前将工件高温预热，焊后再加热、保温、缓冷。用气焊或电焊效果均好，焊后易加工，焊缝强度高、耐水压、密封性能好，尤其适用于铸铁件毛坯缺陷的修复。但由于成本高、能耗大、工艺复杂、劳动条件差，因而应用受到限制
冷焊	在常温或局部低温预热状态下进行，具有成本较低、生产率高、焊后变形小、劳动条件好等优点，因此得到广泛的应用。缺点是易产生白口和裂纹，对操作技术要求高

铸铁冷焊多采用手工电弧焊，其工艺过程见表2-3。

表2-3 铸铁冷焊工艺过程

项目	说 明
焊前准备	先将焊接部位彻底清理干净，对于未完全断开的工件要找出全部裂纹及端点位置，钻出止裂孔，如果看不清裂纹，可以将可能有裂纹的部位用煤油浸湿，再用氧炔焰将表面油质烧掉，涂上白粉，裂纹内部的油慢慢渗出时，白粉上即可显示出裂纹的痕迹。此外，也可采用手砂轮打磨等方法确定裂纹的位置 为使断口合拢复原，可先点焊连接，再开坡口。由于铸件组织较疏松，可能吸有油质，因此焊前要用氧炔焰脱脂，并经低温（50～60℃）均匀预热后进行焊接。焊接时要根据工件的作用及要求选用合适的焊条，常用的国产铸铁冷焊焊条见表2-4。其中使用较广泛的是镍基铸铁焊条
施焊	焊接场地应无风、暖和。点焊定位，采用小电流、快速焊，采用对称分散、分段、分层交叉、断续、逆向等操作方法，每焊一小段熄弧后马上锤击焊缝周围，使焊件应力松弛，并且焊缝温度下降到60℃左右（不烫手）时，再焊下一道焊缝，最后焊止裂孔。经打磨铲修后，便可使用或进一步进行机械加工。铸铁件常用的焊修方法见表2-5

表2-4 常用的国产铸铁冷焊焊条

焊条名称	统一牌号	焊芯材料	药皮类型	焊缝金属	主要用途
高钒铸铁焊条	Z116	碳钢或高钒钢	低氢型	高钒钢	高强度铸铁件焊修
高钒铸铁焊条	Z117	碳钢或高钒钢	低氢型	高钒钢	高强度铸铁件焊修
石墨化型钢芯铸铁焊条	Z208	碳钢	石墨化型	灰口铸铁	一般灰口铸铁件焊修
钢芯球墨铸铁焊条	Z238	碳钢	石墨化型（加球化剂）	球墨铸铁	球墨铸铁件焊修
纯镍铸铁焊条	Z308	纯镍	石墨化型	纯镍	重要灰口铸铁薄壁件和加工面焊修
镍铁铸铁焊条	Z408	镍铁合金	石墨化型	镍铁合金	重要高强度灰口铸铁件及球墨铸铁件焊修
镍铜铸铁焊条	Z508	镍铜合金	石墨化型	镍铜合金	强度要求不高的灰口铸铁件加工面焊修

表 2-5　铸铁件常用的焊修方法

焊修方法		要点	优点	缺点	适用范围
气焊	冷焊	不预热，焊接过程中采用加热减应焊[1]	不易产生白口，焊缝质量好，基体温度低，成本低，易于修复加工	要求焊工技术水平高，对结构复杂的零件难以进行全位焊修	适于焊修边角部位
	热焊	焊前预热至650～700℃，保温缓冷	焊缝强度高，裂纹、气孔少，不易产生白口，易于修复加工	工艺复杂，加热时间长，容易变形，准备工序的成本高，修复周期长	焊修非边角部位，适于焊缝质量要求高的场合
电焊	冷焊	用镍基焊条冷焊	焊件变形小，焊缝强度高，焊条便宜，劳动强度低，切削加工性能好	要求严格	用于零件的重要部位，薄壁件修补，焊后需加工
	冷焊	用高钒焊条冷焊	焊缝强度高，加工性能好	要求严格	用于焊修强度要求较高的厚件及其他部件
	热焊	用石墨化型钢芯焊条，预热至400～500℃	焊缝强度与基体相近	工艺较复杂，切削加工性不稳定	用于大型铸件，缺陷在中心部位、而四周刚度大的场合

　　[1] 选择零件的适当部位进行加热使之膨胀，然后对零件的损坏处补焊，以减少焊接应力与变形，这个部位称为减应区，这种方法称为加热减应焊。此法的关键在于正确选择减应区。减应区加热或冷却不应影响焊缝的膨胀和收缩，它应选在零件棱角、边缘和加强肋等强度较高的部位。

　　为了提高焊修可靠性，可拧入螺钉以加强焊缝，如图 2-18 所示。大型厚壁铸件可加热扣合件，扣合件热压后焊死在工件上，再补焊裂纹，如图 2-19 所示。还可焊接加强板，加强板先用销或螺钉固定，再焊牢固，如图 2-20 所示。

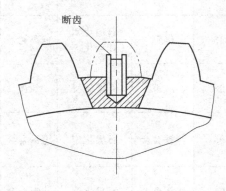

图 2-18　焊修实例（一）

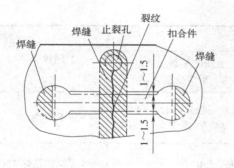

图 2-19　焊修实例（二）

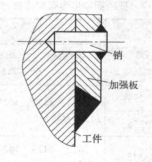

图 2-20　焊修实例（三）

二、钢制零件的焊修

机械零件所用钢材种类繁多，其可焊性差异很大。一般而言，钢中含碳量越高、合金元素种类和数量越多，可焊性就越差。

1. 低碳钢零件的焊修

低碳钢具有良好的可焊性，可采用焊条电弧焊、氩弧焊、CO_2 气体保护焊、气焊、埋弧焊等多种方法进行焊接。焊修低碳钢零件时，主要考虑焊修时的受热变形问题，通常不需要采取特殊的工艺措施就可以获得优质的焊接接头，所以一般不预热，焊后也不进行热处理（电渣焊除外）。但对不同的施焊环境条件，含碳量的不同，结构形式的不同，往往需要采取表 2-6 中所列的工艺措施。

表 2-6　低碳钢零件的焊修工艺措施

措施	说　明
焊前预热	在低温下焊接，特别是焊接厚度大、刚度大的结构，接头焊后冷却速度较快，裂纹倾向增大，故焊前应预热。例如梁、柱、桁架结构在下列情况下焊接均需预热 100 ～ 150℃：板厚 30mm 以内，环境温度低于 –30℃；板厚 31 ～ 50mm，环境温度低于 –10℃；板厚 51 ～ 70mm，环境温度低于 0℃
焊后回火	其目的一方面是减少焊接残余应力，另一方面则是改善接头局部组织，平衡焊接接头各部分的性能，回火温度一般取 600 ～ 650℃

低碳钢零件电弧焊焊修时的焊条选择见表 2-7。

表 2-7　低碳钢零件电弧焊焊修时的焊条选择

钢号	选用焊条		施焊条件
	一般结构（包括厚度不大的中、低压容器）	受动载荷，复杂、厚板结构，重要受压容器	
Q235	J421、J422、J423、J424、J425	J422、J423、J424、J425、J426、J427（或 J506、J507）	一般不预热
Q255			
Q275	J422、J423、J424、J425	J506、J507	厚板结构预热 150℃
08、10、15、20	J422、J423、J424、J425	J426、J427（或 J506、J507）	一般不预热
25、30	J426、J427	J506、J507	厚板结构预热 150℃

2. 中碳钢零件的焊修

中碳钢及一些合金结构钢、合金工具钢等，由于含碳量比低碳钢高，因而焊接性比低碳钢差，且制件多经过热处理，硬度较高，精度要求也高，焊修时残余应力大，易产生裂纹、气孔和变形，为保证精度要求，必须采取相应的技术措施。如选择合适的焊条，焊前彻底清除油污、锈蚀及其他杂质，焊前预热，焊接时尽量采用小电流、短弧，熄弧后马上敲击焊缝以减小内应力，用对称、交叉、短段、分层方法焊接以及焊后热处理等均可提高焊接质量。

中碳钢零件常用焊条电弧焊进行焊修，为保证焊接时不出现裂纹、气孔等缺陷和获得良好的力学性能，通常采取表 2-8 中所列的工艺措施。

表 2-8　中碳钢零件的焊修工艺措施

措施	说　明
尽量选用碱性低氢型焊条	这类焊条的抗冷裂及抗热裂能力较强。当严格控制预热温度和熔合比时，采用氧化钛钙型焊条也能得到满意的要求。中碳钢零件电弧焊焊修时的焊条选择见表 2-9。在特殊情况下或对重要的中碳钢零件也可选用铬镍不锈钢焊条，其特点是焊前不预热也不易产生冷裂纹，这类焊条有 A302、A307、A402、A407 等，施焊时，电流要小，熔深要浅，宜采用多层焊，但焊接成本较高
预热	预热是中碳钢零件焊修的主要工艺措施，对厚度大、刚度大的零件以及在动载荷或冲击载荷下工作的零件进行预热显得尤其重要。预热可以防止冷裂纹，改善焊接接头的塑性，还能减少焊接残余应力。预热有整体预热和局部预热，局部预热的加热范围在焊缝两侧 150～200mm。一般情况下，35 钢和 45 钢（包括铸钢）预热温度可选用 150～200℃。含碳量更高或厚度和刚度很大的零件，裂纹倾向会大大增加，可将预热温度提高到 250～400℃

措施	说　明
做好焊前处理	焊接前，坡口及其附近的油、锈要清除干净，坡口加工过程中不允许产生切割裂纹。最好开成 U 形坡口，坡口外形应圆滑，以减少基体金属的熔入量，同时，焊条使用前要烘干，碱性焊条应在 250℃ 以上高温烘干 1～2h
正确操作	对多层焊的第一层焊道，在保证基体金属熔透的情况下，应尽量采用小电流、慢速施焊，但必须避免产生夹渣和未熔合。每层焊缝都必须清理干净
最好采用直流反接	采用直流反接施焊，可以减少焊件的受热量，降低裂纹倾向，减少金属的飞溅和焊缝中的气孔。焊接电流应较焊接低碳钢时小 10%～15%，焊接过程中，可用锤击法使焊缝松弛，以减少残余应力
焊后缓冷与回火	有时当焊缝温度降到 150～200℃ 时，还要进行均温加热，使整个接头均匀地缓冷。为了消除内应力，可进行 600～650℃ 的高温回火

表 2-9　中碳钢零件电弧焊焊修时的焊条选择

钢号	含碳量 /%	焊接性	焊条型号（牌号）	
			不要求等强度	要求等强度
35	0.32～0.40	较好	E4303、E4301（J422、J423）	E5016、E5015（J506、J507）
ZG270-500	0.31～0.40	较好	E4316、E4315（J426、J427）	E5016、E5015（J506、J507）
45	0.42～0.50	较差	E4303、E4301、E4316（J422、J423、J426）	E5516、E5515（J556、J557）
ZG310-570	0.41～0.50	较差	E4303、E4301、E4316（J422、J423、J426）	E5516、E5515（J556、J557）
55	0.52～0.60	较差	E4315、E5016、E5015（J427、J506、J507）	E6016、E6015（J606、J607）
ZG340-640	0.51～0.60	较差	E4315、E5016、E5015（J427、J506、J507）	E6016、E6015（J606、J607）

3. 低合金结构钢零件的焊修

　　低合金结构钢是生产中应用广泛的钢种，其种类较多，各类钢的强度等级差别也较大，对于强度等级较低而且含碳量较少的一些低合金结构钢，如 09Mn2、09Mn2Si 和 09MnV 等，其焊接热影响区的淬硬倾向并不大，但随着低合金结构钢强度等级的提高，其焊接热影响区的冷裂倾向显著加大。为保证低合金结构钢零件的焊修质量，工艺上应采取表 2-10 中所列的措施进行控制。

表 2-10 低合金结构钢制零件的焊修工艺措施

项目	说　明
材料的选用	为保证低合金结构钢零件的焊修质量，焊接材料的选择依据是等强度原则，即选择与母材强度相当的焊接材料，并综合考虑焊缝的塑性、韧性，保证焊缝不产生裂纹、气孔等缺陷。表 2-11 给出了一些低合金结构钢零件的焊修材料
焊修要点	低合金结构钢的焊接方法较多，可采用电弧焊、埋弧焊、电渣焊、CO_2 气体保护焊、气焊等 低合金结构钢零件焊修时，焊接规范对热影响区淬硬组织的影响主要是通过冷却速度起作用。焊接线能量大，冷却速度小；焊接线能量小，冷却速度大。线能量不能过大，否则接头高温停留时间长，将使过热区的晶粒长大严重，使热影响区塑性降低。因此，对于过热敏感性大的钢材，需采用适宜的焊接规范，并应预热以减小过热区的淬硬程度 焊后是否需要热处理，主要根据钢材的化学成分、厚度、结构刚性、焊接方法及使用条件等因素来考虑。如果钢材确定，主要决定于钢材厚度。要求抗应力腐蚀的容器或低温下使用的焊件，尽可能进行焊后去应力热处理。通常，焊后热处理的温度要稍低于母材的回火温度，以免降低母材的强度。表 2-12 列出了几种低合金结构钢的预热和焊后热处理规范

表 2-11 低合金结构钢零件焊修材料选用

钢号	焊条	埋弧焊		电渣焊		CO_2 气体保护焊焊丝
		焊剂	焊丝	焊剂	焊丝	
Q295（09Mn2、09MnV、09Mn2Si）	J422、J423、J426、J427	HJ430、HJ431、SJ301	H08A、H08MnA	—	—	H10MnSi、H08Mn2Si、H08Mn2SiA
Q345（16Mn、14MnNb）	J502、J503、J506、J507	SJ501	H08A、H08MnA	HJ360、HJ431	H08MnMoA	H08Mn2Si、H08Mn2SiA、YJ502-1、YJ502-3、YJ506-4
		HJ430、HJ431、SJ301	H08A、H08MnA、H10Mn2			
		HJ350	H08MnMoA			
Q390（15MnV、16MnNb）	J502、J503、J506、J507、J556、J557	HJ430、HJ431、HJ250	H08A、H10Mn2、H10MnSi	HJ360、HJ431	H10MnMo、H08Mn2MoVA	H08Mn2Si、H08Mn2SiA
		HJ350、SJ101	H08MnMoA			
Q420（15MnVN、14MnVTiRE）	J556、J557、J606、J607	HJ431	H10Mn2	HJ360、HJ431	H10MnMo、H08Mn2MoVA	H08Mn2Si、H08Mn2SiA
		HJ250、HJ350、SJ101	H08MnMoA、H08Mn2MoA			

钢号	焊条	埋弧焊		电渣焊		CO₂ 气体保护焊焊丝
		焊剂	焊丝	焊剂	焊丝	
Q460（18MnMoNb、14MnMoV）	J606、J607、J707	HJ250、HJ350、SJ101	H08Mn2MoA、H08Mn2MoVA、H08Mn2NiMo	HJ250、HJ360、HJ431	H10Mn2MoA、H10Mn2MoVA、H10Mn2NiMoA	H08Mn2SiMoA

表 2-12　低合金结构钢的预热和焊后热处理规范

强度级别 /MPa	钢号	预热温度 /℃	焊后热处理温度 /℃	
			电弧焊	电渣焊
295	Q295（09Mn2、09MnV、09Mn2Si）	不预热（$t \geqslant 16mm$）	不热处理	—
345	Q345（16Mn、14MnNb）	100 ～ 150（$t \geqslant 30mm$）	600 ～ 650 回火	900 ～ 930 正火 600 ～ 650 回火
390	Q390（15MnV、16MnNb）	100 ～ 150（$t \geqslant 28mm$）	550 ～ 650 回火	950 ～ 980 正火 550 ～ 650 回火
420	Q420（15MnVN、14MnVTiRE）	100 ～ 150（$t \geqslant 25mm$）	—	950 正火 650 回火
460	Q460（18MnMoNb、14MnMoV）	150 ～ 200	600 ～ 650 回火	950 ～ 980 正火 600 ～ 650 回火

三、有色金属零件的焊修

常用的有色金属材料有铜及铜合金、铝及铝合金等，与黑色金属相比，其可焊性差，由于它们的导热性好、线胀系数大、熔点低、高温时脆性较大、强度低、易氧化，因此焊接复杂、困难，要求具有较高的操作技术，并需采取必要的技术措施来保证焊修质量。

铜及铜合金的焊修工艺要点如下。

① 做好焊前准备，对焊丝和工件进行表面处理，并开出坡口。

② 施焊时要对工件预热，一般温度为 300 ～ 700℃，注意焊接速度，按照焊接规范进行操作，及时锤击焊缝。

③ 气焊时一般选择中性焰，手工电弧焊时要考虑焊接方法。

④ 焊后需及时进行热处理。

第二章

零件的修复技术

第三节　刮研修复技术

刮研是利用刮刀、刮研工具、检测器具和显示剂，以手工操作的方式，边加工边测量，使工件达到规定的尺寸精度、几何精度和表面粗糙度等要求的一种精加工工艺。

一、常用刮刀、校准工具与显示剂

1. 常用刮刀

根据刮削面形状的不同，刮刀可分为平面刮刀和曲面刮刀两大类。刮刀的种类及用途见表 2-13。

表 2-13　刮刀的种类及用途

刮刀种类		图示	形式及用途
平面刮刀	推式刮刀	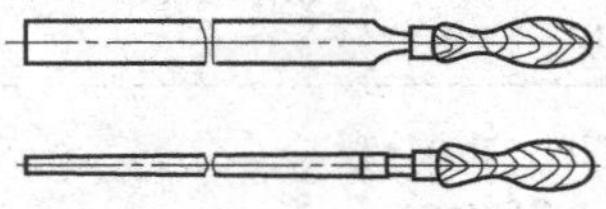	粗刮刀：粗刮 细刮刀：细刮 精刮刀：精刮或刮花 小刮刀：小工件精制
	挺式刮刀	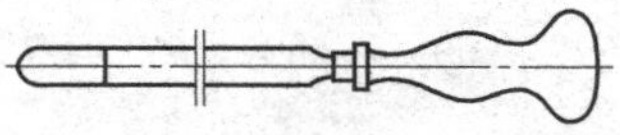	大型：粗刮大平面 小型：细刮大平面
	拉式刮刀	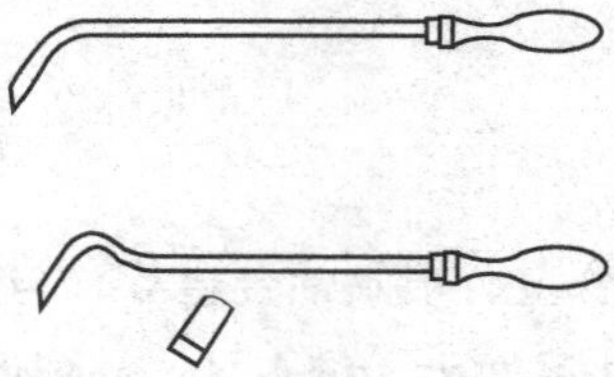	刀体弯曲，弹性较强，刮出的工件表面光洁。常用于精刮和刮花，也可拉刮带有台阶的平面
	活头刮刀	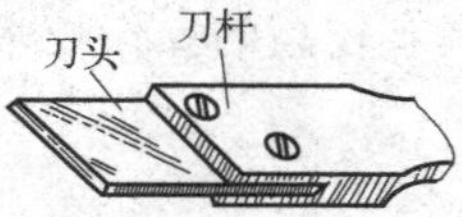	刮削平面
	双刃刮花刀		专用于刮削交叉花纹
曲面刮刀	三角刮刀		常用三角锉刀改制，用于刮削各种曲面

32

刮刀种类		图示	形式及用途
曲面刮刀	蛇头刮刀		刮刀头部具有三个圆弧形的切削刃，刮刀平面磨有凹槽，切削刃圆弧大小视工件的粗、精刮而定（粗刮刀圆弧的曲率半径大，精刮刀圆弧的曲率半径小）。刮削时不易产生振痕，适用于精刮各种曲面
	匙形刮刀	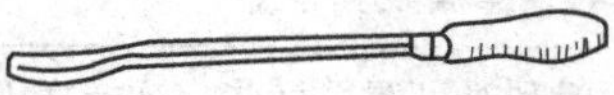	刮削软金属曲面，宜刮削剖分式轴瓦
	半圆头刮刀	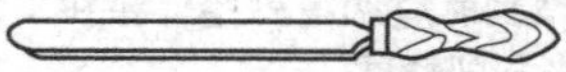	刮削大直径内曲面
	柳叶刮刀	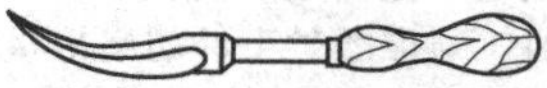	有两个切削刃，刀尖为精刮部分，后部为强力刮削部分。适用于刮削对合轴承、铜套及余量不多的各种曲面

第二章
零件的修复技术

2. 校准工具

校准工具是用来推磨研点和检查被刮面准确性的工具，常用校准工具及用途见表 2-14。

表 2-14　常用校准工具及用途

图示	工具类型	用　途
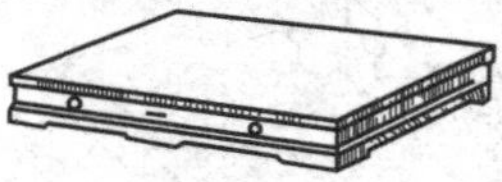	标准平板	检验宽平面
	工形平尺	有双面和单面两种，检验狭长平面
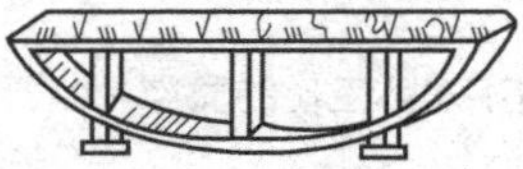	桥形平尺	检验导轨平面
	直角板	检验垂直度
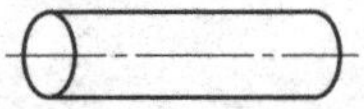	检棒	检验曲面，如内孔

3. 显示剂

为了了解刮削前工件误差的大小和位置，通常用显示剂来显示，显点时必须用校准工具或相配合的工件与其合在一起对研。在中间涂上一层有颜色的涂料，经过对研，凸起处就显示出点子，根据显点用刮刀刮平。所用的涂料称为显示剂。
刮削用显示剂的种类及应用见表 2-15。

表 2-15　刮削用显示剂的种类及应用

项目	说　　明
显示剂的种类	①红丹粉分铅丹（原料为氧化铅，呈橘红色）和铁丹（原料为氧化铁，呈红褐色）两种，颗粒较细，用机械油调配后使用，广泛用于钢和铸铁工件 ②蓝油是用普鲁士蓝粉和蓖麻油及适量机械油调制而成的，呈深蓝色。研点小而清晰，多用于精密工件和有色金属及其合金
显示剂的使用方法	在调制显示剂时应注意：粗刮时可调得稀些，这样在刀痕较多的工件表面上便于涂抹，显示的研点也大；精刮时应调得稠些，涂在工件表面上应薄而匀，这样显示出的点子细小，便于提高刮削精度
显点方法及注意事项	①中小型工件的显点，一般是平板固定不动，工件被刮面在平板上推磨。如被刮面等于或稍大于平板工作面，则推磨时工件超出平板的部分不得大于工件长度 L 的 1/3，如图 2-21 所示；被刮面小于平板工作面的工件推磨时最好不出头，否则其显点不能反映出真实的平面度误差 ②大型工件的显点，一般是以平板在工件被刮面上推磨，采用水平仪与显点相结合来判断被刮面的平面度误差。通过水平仪可以测出工件的高低不平状况，而刮削仍按照显点分轻重进行 ③重量不对称的工件显点，推磨时应在工件某个部位托或压，如图 2-22 所示。但用力大小要适当、均匀。显点时还应注意，如两次显点有矛盾，则说明用力不适当，分析原因及时纠正

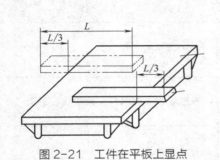

图 2-21　工件在平板上显点

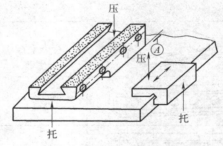

图 2-22　重量不对称工件的显点

二、刮削精度的检查与刮研修复的特点

1. 刮削精度的检查

常用的检查方法有以下两种。

（1）以接触点的数目来表示　将被刮面与校准工具或与其相配的工件表面对研后，用边长为 25mm 的正方形框罩在被刮面上，根据方框内研点数来确定刮削质量，如图 2-23 所示。各种平面接触精度的接触点数见表 2-16。

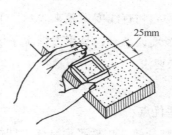

图 2-23　用方框检查接触点

表 2-16　各种平面接触精度的接触点数

平面种类	接触点数 （25mm × 25mm）	应用举例
一般平面	2 ～ 5	较粗糙机件的固定接合面
	5 ～ 8	一般接合面
	8 ～ 12	机器台面、一般基准面、机床导向面、密封接合面
	12 ～ 16	机床导轨及导向面、工具基准面、量具接触面
精密平面	16 ～ 20	精密机床导轨、平尺
	20 ～ 25	1 级平板、精密量具
超精密平面	> 25	0 级平板、高精度机床导轨、精密量具

曲面刮削中，主要是对滑动轴承内孔的刮削，各种轴承不同精度的接触点数见表 2-17。

表 2-17　滑动轴承的接触点数

轴承直径 d/mm	机床或精密机械主轴轴承			锻压设备、通用机械的轴承		动力机械、冶金设备的轴承	
	高精度	精密	普通	重要	普通	重要	普通
	每边长为 25mm 的正方形面积内的接触点数						
≤ 120	25	20	16	12	8	8	5
> 120	—	16	10	8	6	6	2

（2）用允许的平面度误差和直线度误差来表示 工件平面大范围内的平面度误差，以及机床导轨的直线度误差等，是用方框水平仪来进行检查的。同时，其接触精度应符合规定的技术要求。

2.刮研修复的特点

刮研修复具有以下一些优点。

① 按照实际使用要求将导轨或工件平面刮成中凹或中凸等各种特殊形状，以解决机械加工不易解决的问题，消除一般机械加工误差。

② 刮研表面接触点分布均匀，接触精度高，如采用宽刮法还可以形成油楔，润滑性好，耐磨性高。

③ 手工刮研掉的金属层可以小到几微米以下，能够达到很高的精度要求。

④ 刮研是手工作业，不受工件形状、尺寸和位置的限制。

⑤ 刮研过程中切削力小，产生热量少，不易引起工件受力变形和热变形。

尽管刮研工作效率低、劳动强度较大，但在机械设备修理中仍占有重要地位。如导轨和相对滑动面之间、轴和滑动轴承之间、导轨和导轨之间以及部件与部件的固定配合面、两相配零件的密封表面等，可以通过刮研获得良好的接触精度，增加运动副的承载能力和耐磨性，提高导轨和导轨之间的位置精度，增加连接部件间的连接刚度，使密封表面的密封性提高。因此，刮研广泛地应用在机械制造及维修作业中。

三、刮研修复方法

1.平面刮研

平面刮研步骤分为粗刮、细刮、精刮和刮花，具体见表2-18。

表2-18 平面刮研步骤

步骤	说　　明	
粗 刮	在工件表面还留有较深的加工刀痕，或刮削余量较多的情况下，需要进行粗刮。粗刮的方法是用粗刮刀采用长刮法，刮削的刀痕连成长片，使刮削面上均匀地刮去一层较厚的金属，快速去除刀痕、锈斑或过多的余量。刮削方向一般应顺工件长度方向。刮削平面有形位公差要求时，刮削前应先测量一下，根据具体状况进行刮削，消除显著的形位误差，提高刮削效率。当每边长为25mm×25mm的正方形面积内有3～4个研点，并且分布均匀时，粗刮即告结束	

步骤	说　明
细刮	通过细刮可进一步提高刮削平面的精度。细刮是用细刮刀采用短刮法（刀痕长度约为切削刃的宽度），在刮削平面上刮去稀疏的大块研点。随着研点的增多，刀痕逐步缩短。刮削方向应交错，但每刮一遍时，必须保持一定方向，以消除原方向的刀痕，否则切削刃容易在上一遍的刀痕上产生滑动，出现的研点会成条状，不能迅速达到精度要求。为了使研点很快增加，在研点少并且分布不均的情况下，在刮削研点时，应适当加大力度把研点和研点的周围部分刮去。这样当最高点刮去后，周围的次高点就容易显示出来。经过几遍刮削，次高点周围的研点又会很快显示出来，因而可以提高工作效率。在刮削过程中，要防止刮刀倾斜而划出深痕 　　随着研点的逐渐增多，显示剂要涂布得薄而均匀。合研后显示出的研点如发亮（称硬点子）应该刮重些，如暗淡（称软点子）应该刮轻些，直至显示出的研点软硬均匀。在整个刮削平面上，每边长为 25mm×25mm 的正方形面积内出现 12～15 个研点时，细刮即告结束
精刮	在细刮的基础上，通过精刮增加研点并使工件刮削平面符合精度要求，用精刮刀采用点刮法刮削。精刮时，注意落刀要更加轻，起刀要迅速挑起。在每个研点上只刮一刀，不应重复，并始终交叉地进行刮削。当研点增多到每边长为 25mm×25mm 的正方形面积内有 20 个研点以上时，可将研点分为三类，分别对待。最大最亮的研点全部刮去；中等研点在其顶点刮去一小片；小研点留着不刮。这样连续刮几遍，待出现的研点数达到要求即可。在刮到最后两三遍时，交叉刀痕大小应一致，排列应整齐，以使刮削平面美观
刮花	刮花可使刮削平面美观，滑动件之间形成良好的润滑条件，另外还可以根据花纹消失的多少来判断刮削平面的磨损程度。常见的花纹种类如图 2-24 所示 　　斜纹花即小方块，用精刮刀沿与工件成 45° 的方向刮成，花纹的大小按刮削精度和刮削平面大小而定。鱼鳞花的刮削方法如图 2-25 所示，先使刮刀的右边（或左边）与工件接触，再用另一只手把刮刀逐渐压平并同时逐渐向前推进（刮刀有规律地扭动一下），推进结束，立即起刀，这样就完成一个花纹，如此连续推扭，便刮出鱼鳞花。半月花与鱼鳞花的刮法相似，所不同的是一行整齐的花纹要连续刮出，难度较大

　(a) 斜纹花　　　　　(b) 鱼鳞花　　　　　(c) 半月花

图 2-24　刮花的花纹　　　　　　　图 2-25　鱼鳞花的刮削方法

　　当刮研平面上有孔时，应控制刮刀不要将孔口刮低。如果刮研平面上有窄边时，应控制刮刀的刮研方向与窄边夹角小于 30°，以防将窄边刮低。

2. 内孔刮研

　　内孔刮研的原理与平面刮研一样。内孔刮研时，刮刀在内孔表面作螺旋运动，且以配合轴或检验心轴作研点工具。研点时，将显示剂薄而均匀地涂布在轴的表面上，然后将轴在轴孔中来回转动显示研点。

图 2-26（a）所示为一种内孔刮研的方法，右手握刀柄，左手四指横握刀身，刮研时右手作半圆转动，左手顺着内孔方向作后拉或前推刀杆的螺旋运动；另一种内孔刮研的方法如图 2-26（b）所示，刮刀柄搁在右手臂上，双手握住刀身，刮研时左右手的动作与前一种方法一致。

(a)　　　　　　　　　　　　　　　(b)

图 2-26　内孔刮研的方法

内孔刮研时，研点应根据轴在轴承内的工作情况合理分布，以取得良好的效果。一般轴承两端的研点应硬而密些，中间的研点可软而稀些，这样容易建立起油楔，使轴工作稳定；轴承承载面上的研点应适当密些，以增加其耐磨性，使轴承在载荷作用下保持其几何精度。

3. 机床导轨刮研

机床导轨是机床移动部件的基准，机床有不少几何精度检验的测量基准是导轨，机床导轨的精度直接影响到被加工零件的几何精度。机床导轨的修理是机床修理工作中最重要的内容之一，其目的是恢复和提高导轨的精度。未经淬硬处理的机床导轨，如果磨损、拉毛、咬伤程度不严重，可以采用刮研修复。一般具备导轨磨床的大中型企业，对于基准导轨的配合件（如工作台等）导轨面以及特殊形状导轨面的修理通常也不采用精磨法，而是采用传统的刮研法。

（1）导轨刮研基准的选择　配刮导轨副时，选择刮研基准应考虑：变形小、精度高、刚度好、主要导向的导轨；尽量减少基准转换；便于刮研和测量。

（2）导轨刮研顺序的确定　一般可按以下方法确定：先刮与传动部件有关联的导轨，后刮无关联的导轨；先刮形状复杂（控制自由度较多）的导轨，后刮形状简单的导轨；先刮长的或面积大的导轨，后刮短的或面积小的导轨；先刮施工困难的导轨，后刮施工容易的导轨。

两件配刮时，一般先刮大工件，配刮小工件；先刮刚度好的，配刮刚度较差的；先刮长导轨，后刮短导轨。要按达到精度稳定、搬动容易、节省工时等因素来确定顺序。

（3）导轨的刮研方法　导轨刮研一般分为粗刮、细刮和精刮几个步骤，依次进行。

① 首先修刮机床部件移动的基准导轨。该导轨通常比沿其表面移动的部件导轨长，例如床身导轨、横梁前导轨和立柱导轨等。

② V形 - 平面导轨副，应先修刮 V 形导轨，再修刮平面导轨。

③ 双 V 形、双平面（矩形）等组合导轨，应先修刮磨损量较小的那条导轨。

④ 修刮导轨时，如果该部件上有不能调整的基准孔（如工作台装配基准孔等），应先修整基准孔后，再根据基准孔来修刮导轨。

⑤ 与基准导轨配合的导轨，如与床身导轨配合的工作台导轨，只需与基准导轨进行合研配刮，用显示剂和塞尺检查与基准导轨的接触情况，可不必单独进行精度检查。

（4）导轨刮研的注意事项　见表 2-19。

表 2-19　导轨刮研的注意事项

项目	说　　明
要求有适宜的工作环境	工作场地清洁，周围没有强振源的干扰，环境温度尽可能变化不大。避免阳光的直接照射。因为在阳光照射下机床局部受热，会使机床导轨产生温差而变形，刮研显点会随温度的变化而变化，易造成刮研失误。特别是在刮研较长的床身导轨和精密机床导轨时，上述要求更要严格些。如果能在温度可控制的室内刮研最为理想
刮研前机床床身要安置好	在机床导轨修理中，床身导轨的修理量最大，刮研时如果床身安置不当，可能产生变形，造成返工。床身导轨在刮研前应用机床垫铁垫好，并仔细调整，以便在自由状态下尽可能保持最好的水平。垫铁位置应与机床实际安装时的位置一致，这一点对长度较长和精密机床的床身导轨尤为重要
注意机床部件的重量对导轨精度有影响	机床各部件自身的几何精度是由机床总装后的精度要求决定的。大型机床各部件重量较大，总装后可能有关部件对导轨自身的原有精度产生一定影响（变形引起）。例如龙门刨床、龙门铣床、龙门导轨磨床等床身导轨精度将随立柱的装上和拆下而有所变化；横梁导轨精度将随刀架或磨架的装上和拆下而有所变化。因此，拆卸前应对有关导轨精度进行测量，记录下来，拆卸后再次测量，经过分析比较，找出变化规律，作为刮研各部件及其导轨时的参考。这样便可以保证总装后各项精度一次达到规定要求，从而避免刮研返工 对于精密机床的床身导轨，精度要求很高。在精刮时，应把可能影响导轨精度变化的部件预先装上，或采用与该部件形状、重量大致相近的物体代替。例如，在精刮立式齿轮磨床床身导轨时，齿轮箱应预先装上；精刮精密外圆磨床床身导轨时，液压操纵箱应预先装上

续表

项目	说　　明
注意需要预先加工的情况	机床导轨磨损严重或伤痕较深（超过 0.5mm），应先对导轨表面进行刨削或车削加工后再进行刮研。另外，有些机床，如龙门刨床、龙门铣床、立式车床等工作台表面冷作硬化层的去除，应在机床拆修前进行。否则工作台内应力的释放会导致工作台微量变形，可能使刮研好的导轨精度发生变化
刮研工具与检测器具要准备好	机床导轨刮研前，刮研工具和检测器具应准备好，在刮研过程中，要经常对导轨的精度进行测量

第四节　粘接与表面粘涂修复技术

一、粘接修复

采用胶黏剂等对失效零件进行修补或连接，以恢复零件使用功能的方法称为粘接（又称胶接）修复。近年来粘接技术发展很快，在机电设备维修中已得到越来越广泛的应用。胶黏剂品种繁多，其中，环氧树脂胶黏剂对各种金属材料和非金属材料都具有较强的粘接能力，并具有良好的耐水、耐有机溶剂及耐酸、碱腐蚀的性能，收缩性小，电绝缘性能好，所以应用非常广泛。

粘接修复技术说明见表 2-20。

表 2-20　粘接修复技术说明

项目	说　　明
胶黏剂的选用	选用胶黏剂时主要考虑被粘接件的材料、受力情况及使用的环境，并综合考虑被粘接件的形状、结构和工艺上的可能性，同时应成本低、效果好
接头设计	粘接接头受力情况可归纳为四种主要类型，即剪切、拉伸、剥离、不均匀扯离，如图 2-27 所示。在设计接头时，应遵循下列基本原则：粘接接头承受或大部分承受剪切作用；尽可能避免剥离和不均匀扯离作用；尽可能增大粘接面积，提高接头承载能力；尽可能简单实用、经济可靠。对于受冲击或承受较大作用力的零件，可采取适当的加固措施，如焊接、铆接、螺纹连接等

项目		说　明
表面处理		其目的是获得清洁、粗糙的活性表面，以保证粘接接头牢固。它是整个粘接工艺中重要的工序之一，关系到粘接的成败

先用干布、棉纱等除尘，除去厚油脂，再以丙酮、汽油等有机溶剂擦拭，或用碱液处理脱脂去油。用锉削、打磨、粗车、喷砂、电火花拉毛等方法除去锈迹及氧化层，并粗化表面。其中喷砂的效果最好。金属件的表面粗糙度以 $Ra12.5\mu m$ 为宜。经机械处理后，再将表面清洗干净，干燥后待用

必要时还可通过化学处理使表面层获得均匀、致密的氧化膜，以保证粘接表面与胶黏剂牢固结合。化学处理一般采用酸洗、阳极处理等方法。钢、铁与天然橡胶进行粘接时，若在钢、铁表面进行镀铜处理，可以大大提高粘接强度 |
粘接工艺	配胶	不需配制的成品胶使用时摇匀或搅匀，多组分的胶配制时要按规定的配比和调制程序现用现配，在使用期内用完。配制时要搅拌均匀，并注意避免混入空气，以免胶层内出现气泡
	涂胶	应根据胶黏剂的不同形态，选用不同的涂布方法。对于液态胶可采用刷涂、刮涂、喷涂和用滚筒布胶等方法。涂胶时应注意保证胶层内无气泡、均匀而不缺胶。涂胶量和涂胶次数因胶的种类不同而异，胶层厚度宜薄。对于大多数胶黏剂，胶层厚度控制在 $0.05\sim0.2mm$ 为宜
	晾置	含有溶剂的胶黏剂，涂胶后应晾置一定时间，以使胶层中的溶剂充分挥发，否则固化后胶层内产生气泡，会降低粘接强度。晾置时间的长短、温度的高低因胶而异
	固化	将晾置好的两个被粘接件合拢、装配及加热、加压固化。除常温固化胶外，其他胶几乎均需加热固化。即使是室温固化的胶黏剂，提高温度也对粘接效果有益。固化时应缓慢升温和降温。升温至胶黏剂的流动温度时，应在此温度保温 $20\sim30min$，使胶液在粘接面上充分扩散、浸润，然后再按需调整温度

固化的温度、压力和时间，应按胶黏剂的类型而定。加热时可使用恒温箱、红外线灯、电炉等，近年来还开发了电感应加热等新技术 |
	质量检验	粘接件的质量检验有破坏性检验和无损检验两种。破坏性检验是测定粘接件的破坏强度。在实际生产中常用无损检验，一般通过观察外观和敲击听声音的方法进行检验，其准确性在很大程度上取决于检验人员的经验。近年来，一些先进技术如声阻法、激光全息摄影、X 射线检验等也用于粘接件的无损检验，取得了很好的效果
	粘接后的加工	有的粘接件粘接后还要通过机械加工或钳工加工至技术要求。加工前应进行必要的倒角、打磨，加工时应控制切削力和切削温度
粘接技术在设备修理中的应用	机床导轨磨损的修复	机床导轨严重磨损后，通常在修复时需要经过刨削、磨削、刮研等修理工艺，但这样做会破坏机床原有的尺寸链。可以采用合成有机胶黏剂，将工程塑料薄板如聚四氟乙烯板、1010 尼龙板等粘接在铸铁导轨上，这样可以提高导轨的耐磨性，同时可以改善导轨的防爬行性和抗咬焊性。若机床导轨面出现拉伤、研伤等局部损伤，可采用胶黏剂直接填补修复

项目		说　明
粘接技术在设备修理中的应用	零件动、静配合磨损部位的修复	轴颈磨损、轴承座孔磨损、机床楔铁配合面的磨损等均可采用粘接工艺修复，比镀铬、热喷涂等修复工艺简便
	零件裂纹和破损部位的修复	零件产生裂纹或断裂时，采用焊接法修复常常会引起零件产生内应力和热变形，尤其是一些易燃易爆的危险场合更不宜采用，而采用粘接法修复则安全可靠、简便易行。零件的裂纹、断裂或缺损等均可用粘接工艺修复
	填补铸件的砂眼和气孔	采用粘接技术修补铸造缺陷，简便易行、省工省时、修复效果好，且颜色可保持与铸件基体一致。在操作时要认真清理干净待填补部位，在涂胶时可用电吹风机均匀加热，除去胶黏剂中混入的气体，使胶黏剂顺利流入待填补的孔洞中
	用于连接表面的密封堵漏和紧固防松	若油泵泵体与泵盖接合处渗油，可将接合面清理干净后涂一层液态密封胶，晾置后在中间再加一层纸垫，将泵体和泵盖接合，拧紧螺栓即可

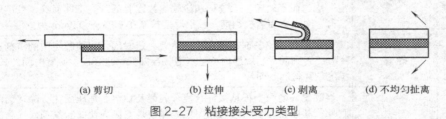

(a) 剪切　　　(b) 拉伸　　　(c) 剥离　　　(d) 不均匀扯离

图 2-27　粘接接头受力类型

图 2-28 所示为粘接修复实例。

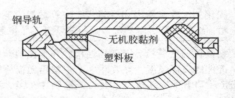

钢导轨
无机胶黏剂
塑料板

图 2-28　粘接修复实例

二、表面粘涂修复

　　表面粘涂修复技术是指将高分子聚合物与特殊填料（如石墨、二硫化钼、金属粉末、陶瓷粉末和纤维）组成的复合材料胶黏剂涂在零件表面，赋予零件某种特殊功能（如耐磨、耐腐蚀、绝缘、导电、保温、防辐射等）的一种表面强化和修复的技术，它是粘接技术的一个新的发展分支。表面粘涂修复技术具有粘接修复技术的优点，工艺简便，不需专门设备，不会使零件产生热影响区和热变形，粘涂层厚度可以从几十微米到几十毫米，与基体金属具有良好的结合强度，可以解决用其他表面修复技术如焊修、热喷涂等难以解决的技术难题。

粘涂层的分类、组成及主要性能见表2-21。

表2-21 粘涂层的分类、组成及主要性能

项目		说　明
粘涂层的分类		①按成分分类：按基料分，粘涂层可分为无机涂层和有机涂层，有机涂层又可分为树脂型、橡胶型、复合型三大类；按填料分，粘涂层可分为金属修补层、陶瓷修补层、陶瓷金属修补层三大类 ②按用途分类：可分为填补涂层、密封堵漏涂层、耐磨涂层、耐腐蚀涂层、导电涂层、耐高（低）温涂层等 ③按应用状态分类：可分为一般修补涂层和紧急修补涂层
粘涂层的组成	基料	也称粘料，它的作用是把粘涂层中的各种材料包容并牢固地黏着在基体表面形成涂层
	固化剂	它的作用是与基料产生化学反应，形成网状立体聚合物，把填料包络在网状体中，形成三向交联结构
	特殊填料	它在粘涂层中起着非常重要的作用，如耐磨、耐腐蚀、导电、绝缘等。粘涂层填料包括一种或多种具有一定尺寸的粉末或纤维，可根据不同粘涂层的功能选择不同的填料。这些填料是中性或弱碱性的，与基料亲和性好，不吸附液体和气体；有足够的耐热性和一定的纯度；密度小，分散性好，在树脂中沉降小
	辅助材料	它的作用是改善粘涂层性能如韧性、抗老化性等，以及降低胶黏剂的黏度、提高涂敷质量等。它包括增韧剂、增塑剂、固化促进剂、消泡剂、抗老剂、偶联剂等
粘涂层的主要性能	黏着强度	是指粘涂层与被粘物基体的结合强度，它与粘涂层材料性能、粘涂工艺、基体的材质、表面粗糙度和清洁度等有关。一般要求粘涂层与基体的抗剪强度在10MPa以上，抗拉强度在30MPa以上
	耐磨性	包括两个方面，首先要求粘涂层应保护配对表面不被磨损，其次要求粘涂层本身具有尽可能高的耐磨性。粘涂层的耐磨性主要取决于填料性质
	摩擦特性	是指粘涂层与基体金属之间的摩擦因数随运动速度改变而变化的特性
	耐腐蚀性	是指粘涂层抵抗腐蚀的能力，它包括耐介质腐蚀和耐溶剂的性能。与金属相比，粘涂层具有较好的耐化学腐蚀性。大多数粘涂层可耐浓度为10%的酸、碱，有些耐腐蚀粘涂层可耐浓度为50%甚至更高的酸、碱
	绝缘性和导电性	一般粘涂层都不导电，绝缘性极好。绝缘性最好的是陶瓷修补涂层。只有导电涂层才能导电
	抗压强度	是指粘涂层固化后，为保证其在外力作用下不会产生塑性变形，粘涂层所能承受的最大压力。一般粘涂层抗压强度在80MPa以上，高的可达200MPa

项目		说　明
粘涂层的主要性能	硬度	是指粘涂层抵抗其他较硬物体压入的能力。粘涂层的硬度与耐磨性、抗压强度等有一定的关系。与金属相比，粘涂层的硬度较低
	冲击强度	是指粘涂层抵抗冲击的能力，与粘涂层的韧性有关。与金属相比，粘涂层的韧性较低，橡胶修补剂冲击强度较高
	耐温性	是指粘涂层耐高温和低温的能力。有机粘涂层耐热温度一般为 $60 \sim 200℃$，个别可在 $500℃$ 以下使用；无机粘涂层耐热温度一般在 $500℃$ 以上

　　粘涂层材料一般是双组分糊状物质，使用时必须按规定配比称取，混合均匀，涂敷在处理后的基体表面上。粘涂层材料从混合开始到失去黏性、不能涂敷为止经历的时间称为它的适用期。环氧树脂粘涂层在常温（$25℃$）下适用期通常在 $1h$ 以内，固化时间则需要几小时到几十小时。固化时间与环境温度有密切关系，温度低则固化慢，温度高则固化快。粘涂层涂敷前必须事先做好准备，操作必须熟练、正确，各个环节必须安排妥当，配合周密。正确而熟练地掌握粘涂层涂敷工艺是取得修复成功的关键。粘涂层涂敷工艺一般归纳为表 2-22 中所列的几个步骤。

表 2-22　粘涂层涂敷工艺

步骤	说　明
表面处理	包括初清洗、预加工、清洗及活化处理。初清洗是先用汽油、柴油或煤油粗洗，再用丙酮清洗，除掉待修表面的油污、锈迹。预加工是指涂胶前对表面进行机械加工，将其加工成粗糙表面，可增加粘接面积，提高粘接质量。清洗是用丙酮或专用清洗剂等彻底清除表面油污及其他污物。通过喷砂、化学处理等方法，不仅能彻底清除表面氧化层，还能提高表面活性
配胶	粘涂层材料必须严格按所规定的配比称取并充分混合，在混合过程中要尽量避免产生气泡，并注意环境温度。完全搅拌均匀后，立即进行涂敷操作
涂敷	具体施工方法有刮涂法、刷涂压印法、模具成型法。选择哪种方法必须根据涂层设计方式、涂敷面大小以及零件形状、施工现场的工作条件等来确定 　　①刮涂法：先将少量胶涂敷于处理好的待修表面，用刮板反复按压、刮擦，使胶和基体充分浸润，然后再涂上工作层，获得平整的修补表面。此法适用于轴颈表面的修复，操作简单，需后加工 　　②刷涂压印法：先把胶涂敷在清理好的表面上，例如床鞍下导轨表面，再用制好的上导轨压制成型。此法适用于大中型机床导轨面的制造和修复，操作简单，不用后加工 　　③模具成型法：包括模具涂敷成型和模具注射成型两种。模具加工成被修复面要求的精度，施工时模具上先涂脱模剂，然后涂敷或注胶，固化后脱模，一次成型，不需后加工。模具上使用脱膜剂可以防止胶固化后脱模困难，使用时必须十分小心，避免脱膜剂污染已处理好的表面和施工工具。此法适用于批量修复孔类零件

步骤	说　明
固化	涂层在规定的固化条件下固化。胶的固化速度与环境温度有关，温度高则固化快
修整、清理或后加工	对于不需后加工的涂层，可用锯片、锉刀等修整零件边缘多余的胶。对于需后加工的涂层，可用车削或磨削的方法进行加工，以达到修复尺寸和精度的要求

第五节　电镀和化学镀修复技术

一、电镀修复

电镀是利用电解原理，使金属或合金沉积在零件表面上形成镀层的工艺方法。电镀不仅可以用于修复失效零件的尺寸，而且可以提高零件表面的耐磨性、硬度和耐腐蚀性等。电镀在机械设备维修领域中应用非常广泛，目前常用的有镀铬、镀铁等技术。

镀铬层具有以下优点：硬度高（800～1000HV，高于渗碳钢、渗氮钢）、摩擦因数小（为钢和铸铁的50%）、耐磨性高（高于无镀铬层的2～50倍），热导率比钢和铸铁约高40%；具有较高的化学稳定性，能长时间保持光泽，耐腐蚀性强；与基体金属有很高的结合强度。镀铬层的主要缺点是性脆，只能承受均匀分布的载荷，受冲击易破裂，强度随镀层厚度增加而降低。

镀铬层可分为平滑镀铬层和多孔性镀铬层两类：平滑镀铬层具有很高的密实性和较高的反射能力，但其表面不易储存润滑油，一般用于修复无相对运动的配合零件，如锻模、冲压模、测量工具等；多孔性镀铬层的表面形成无数网状沟纹和点状孔隙，能储存足够的润滑油以改善摩擦条件，可修复具有相对运动的各种零件，如比压大、温度高、滑动速度大和润滑不充分的零件以及切削机床的主轴、镗杆等。

镀铬修复的应用范围及工艺见表2-23。

表2-23　镀铬修复的应用范围及工艺

项目	说　明
镀铬修复的应用范围	镀铬修复工艺应用广泛，可用来修复零件尺寸和强化零件表面，如补偿零件磨损失去的尺寸。但是，补偿尺寸不宜过大，通常镀铬层厚度控制在0.3mm以内为宜。镀铬层还可用来装饰和防护表面。许多钢制品表面镀铬，既可作为装饰又可防腐蚀。此时镀铬层的厚度通常很小（几微米）。但是，在镀防腐装饰性铬层之前应先镀铜或镍作底层 此外，镀铬层还有其他用途。例如在塑料和橡胶制品的压模上镀铬，改善模具的脱模性能等

项目		说　明
镀铬工艺	镀前处理	①为了得到正确的几何形状和消除表面缺陷并达到表面粗糙度要求，工件要进行准备加工并消除锈蚀 ②不需镀覆的表面要进行绝缘处理，通常先刷绝缘性清漆，再包扎塑胶带，工件的孔眼用铅堵牢 ③用有机溶剂、碱液等将工件表面清洗干净，然后进行弱酸蚀，以清除工件表面的氧化膜，使表面显露出金属的结晶组织，增强镀层与基体金属的结合强度
	施镀	装上挂具吊入镀槽进行电镀，根据镀铬层种类和要求选定电镀规范，按时间控制镀层厚度
	镀后检查和处理	镀后检查镀层质量，观察镀层表面是否镀满，测量镀层的厚度和均匀性。如果镀层厚度不符合要求，可重新补镀。如果镀层有起泡、剥落或色泽不符合要求等缺陷时，可除去镀层，重新镀铬 对镀层厚度超过 0.1mm 的较重要零件应进行热处理，以提高镀层的韧性和结合强度。一般温度为 180～250℃，时间为 2～3h，在热的矿物油或空气中进行。最后根据零件技术要求进行磨削加工，必要时进行抛光。镀层薄时，可直接镀到尺寸要求

　　按照电解液的温度不同，镀铁分为高温镀铁和低温镀铁。电解液温度在 90℃以上的镀铁工艺，称为高温镀铁。所获得的镀层硬度不高，且与基体结合不可靠。在 50℃以下至室温的电解液中镀铁的工艺，称为低温镀铁。镀铁可用于修复在有润滑的一般机械磨损条件下工作的动配合副的磨损表面以及静配合副的磨损表面，以恢复尺寸。镀铁不宜用于修复在高温或腐蚀环境、承受较大冲击载荷、干摩擦或磨料磨损条件下工作的零件。镀铁还可用于补救零件加工尺寸的超差。当磨损量较大又需耐腐蚀时，可用镀铁层作底层或中间层补偿磨损的尺寸，然后再镀耐腐蚀性好的其他镀层。

二、化学镀修复

　　化学镀是指在没有电流通过的情况下，利用化学方法使溶液中的金属离子还原为金属原子并沉积在基体表面，形成镀层的一种表面加工方法。当被镀件浸入镀液中时，化学反应剂在溶液中提供电子使金属离子还原沉积在镀件表面。

　　与电镀相比，化学镀具有以下特点：无需电解设备；不管零件形状如何复杂，其镀层厚度都很均匀；镀层外观良好，晶粒细，无孔隙，耐腐蚀性更好；被镀零件材质可以是塑料、玻璃、陶瓷等非金属；溶液稳定性差，温度过高会引起镀液的分解等。

化学镀镍层、化学镀铜层具有耐磨、耐腐蚀、高硬度等性能，因此化学镀在工业生产和设备修复中得到了广泛应用。

第六节　熔覆修复技术

熔覆修复技术包括喷焊、热喷涂等，它们不仅能够恢复磨损机械零件的尺寸，而且通过选用合适的材料，还能够改善和提高包括耐磨性和耐腐蚀性等在内的零件表面的性能，用途极为广泛，在零件的修复技术中占有重要的地位。

一、喷焊修复

喷焊是对经预热的自熔性合金粉末喷涂层再加热至 1000 ～ 1300℃，使喷涂层颗粒熔化（重熔），造渣上浮到涂层表面，生成的硼化物和硅化物弥散在涂层中，使颗粒间和基体表面润湿达到良好黏结，最终质地致密的金属结晶组织与基体形成 0.05 ～ 0.10mm 的冶金结合层。喷焊层与基体结合强度约为 400MPa，它的耐磨、耐腐蚀、抗冲击性能都较好。喷焊技术适用于承受冲击载荷、要求表面硬度高与耐磨性好的磨损零件的修复，例如混砂机叶片、破碎机齿板、挖掘机铲斗齿等。但在用喷焊技术修复大面积磨损或成批零件时，因合金粉末价格高，故应考虑经济性。

喷焊分为一步法喷焊和两步法喷焊。喷焊过程见表 2-24，同时应注意以下事项：如果工件表面有渗碳层或渗氮层，预处理时必须清除，否则喷焊过程会生成碳化硼或氮化硼，这两种化合物很硬、很脆，易引起翘皮，导致喷焊失败；在对工件预热时，一般碳钢预热温度为 200 ～ 300℃，对耐热奥氏体钢可预热至 350 ～ 400℃，预热时氧炔焰采用中性焰或弱碳化焰，避免表面氧化；重熔后，喷焊层厚度减小 25% 左右，在设计喷焊层厚度时要考虑。

表 2-24　喷焊过程

类别	说　　明
一步法喷焊	喷粉和重熔同时进行，亦即边喷粉边重熔，使用同一支喷枪即可完成喷焊过程 首先工件预热后喷 0.2mm 左右的薄层合金粉，以防止表面氧化。接着断续送粉，同时将喷上去的合金粉重熔。根据熔融情况及对喷焊层厚薄的要求，决定火焰的移动速度。火焰向前移动的同时，再断续送粉并重熔。"喷粉→重熔→移动"周期地进行，直到整个工件表面喷焊完成 一步法喷焊对工件输入热量少，工件变形小。适用于小型零件或小面积喷焊，喷焊层厚度在 2mm 以内较合适

类别	说　明
两步法喷焊	喷粉和重熔分两步进行。不一定使用同一喷枪，甚至可以不使用同一热源 　首先对工件进行大面积或整体预热，接着喷预保护层，之后继续加热至500℃左右，再在整个表面多次均匀喷粉，每一层喷粉厚度不超过0.2mm，多次薄层喷粉有利于控制喷焊层厚度及均匀性。达到预计厚度后停止喷粉，然后开始重熔 　重熔是两步法喷焊的关键工序，对整个喷焊层质量有很大的影响。若有条件，最好使用重熔枪，火焰应调整成中性焰或弱碳化焰的大功率柔性火焰，将涂层加热至固-液相线之间的温度。重熔速度应掌握适当，即涂层出现"镜面反光"时，即向前移动火焰进行下个部位的重熔。最终的喷焊层厚度可控制在2～3mm

由于喷焊合金的线胀系数较大，重熔后冷却不当会产生变形，甚至引发裂纹，所以应在喷焊后视具体情况采用不同的冷却措施。对于中低碳钢、低合金钢的工件和薄喷焊层以及形状简单的铸铁件，采用空气中自然冷却的方法；对于喷焊层较厚、形状复杂的铸铁件，锰、钼、钒合金含量较高的结构钢件以及淬硬性高的工件等，可采取在石灰坑中缓冷或用石棉材料包裹缓冷的方法。

根据工件的需要，可对喷焊层进行精加工，用车削或磨削即可，但是需注意所用刀具、砂轮和切削规范。

二、热喷涂修复

利用氧炔焰或者电弧等热源，将呈粉末状或丝状的喷涂材料加热到熔融状态，在氧炔焰或压缩空气等的推动下，喷涂材料被雾化并被加速喷射到工件表面。喷涂材料呈圆形雾化颗粒，喷射到工件表面即受阻变形成为扁平状。最先喷射到工件表面的颗粒与工件表面的凹凸不平处产生机械咬合，随后喷射来的颗粒打在先前到达工件表面的颗粒上，也同样变形并与先前到达的颗粒互相咬合，形成机械结合。这样大量的喷涂材料颗粒在工件表面互相挤嵌堆积，就形成了喷涂层。

按照所用热源不同，热喷涂可分为氧炔焰喷涂、电弧喷涂、高频喷涂、等离子喷涂、激光喷涂和电子束喷涂等。其中氧炔焰喷涂以其设备投资少、生产成本低、工艺简单容易掌握、可进行现场维修等优点，在设备维修领域得到了广泛的应用。

热喷涂技术优点如下。

① 适用范围广，涂层材料可以是金属、工程塑料和陶瓷等非金属以及复合材料，被喷涂工件也可以是金属和非金属材料，热喷涂表面具有各种功能，如耐腐

蚀性、耐磨性、抗氧化性、耐高温性、导电性、绝缘性、导热性、隔热性等。

② 工艺灵活，施工对象小到 10mm 内孔，大到桥梁、铁塔等大型结构，喷涂既可在整体表面上进行，也可在指定区域内进行，既可在真空或控制气氛中喷涂活性材料，也可在现场作业。

③ 喷涂层的多孔组织具有储油润滑和减摩性能，而且喷涂层的厚度可从几十微米到几毫米，表面光滑，加工量少。

④ 工件受热影响小，故工件热变形较小，材料组织不发生变化。

⑤ 生产率高，大多数可达到每小时喷涂数千克材料。

热喷涂技术的缺点是：喷涂层与工件基体结合强度较低，不能承受交变载荷和冲击载荷；对于工件基体表面制备要求高，表面粗糙化处理会降低零件的刚性；喷涂层质量靠严格实施工艺来保证，尚无有效的检测方法。

氧炔焰喷涂过程见表 2-25。

表 2-25　氧炔焰喷涂过程

项　目	说　明
喷涂前的准备	准备工作内容有工艺制定，材料、工具和设备的准备两大方面。在工艺制定中确定涂层的厚度、涂层材料、喷涂参数
喷涂表面预处理	为了提高涂层与基体表面的结合强度，在喷涂前对基体表面进行清洗、脱脂和表面粗糙化、预热等预处理
喷涂	对预处理后的零件应立即喷涂结合层，因涂层薄，较难测量，一般用单位喷涂面积的喷粉量来计量（0.08～0.15g/cm²）。喷粉时喷射角度要尽量垂直于喷涂表面，喷涂距离一般掌握在 180～200mm。结合层喷完后，用钢丝刷去除灰粉和氧化膜后，即更换粉斗喷工作层
喷涂后处理	喷涂后处理包括封孔、机械加工等工序。当涂层的尺寸精度和表面粗糙度不能满足要求时，需对其进行机械加工，可采用车削或磨削加工

第七节　表面强化技术

零件修复，不仅仅是补偿尺寸，恢复配合关系，还要赋予零件表面更好的性能，如耐磨性、耐高温性等。采用表面强化技术可以使零件表面获得更好的性能。表面强化技术是指采用某种工艺手段使零件表面获得与基体材料不同的组织结构、性能的一种技术，它可以延长零件的使用寿命，节约稀有、昂贵材料，对各种高新技术发展具有重要作用。

一、表面机械强化

表面机械强化的基本原理是，通过滚压、内挤压和喷丸等机械手段使零件金属表面产生压缩变形，形成形变硬化层，其深度可达 0.5～1.5mm，这种表层组织结构产生的变化，有效地提高了金属表面强度和疲劳强度。

表面机械强化成本低廉，强化效果显著，在机械设备维修中常用。表面机械强化工艺方法见表 2-26。

表 2-26　表面机械强化工艺方法

类别	说　明
滚压	利用球形金刚石滚压头（或者表面有连续沟槽的球形金刚石滚压头）以一定的滚压力对零件表面进行滚压，使表面形变强化，产生硬化层
内挤压	使孔的内表面获得形变强化的工艺方法
喷丸	利用高速弹丸强烈冲击零件表面，使之产生形变硬化层，并引进残余应力。该方法广泛用于弹簧、齿轮、链条、轴、叶片等零件的强化，显著提高了它们的抗弯曲疲劳、抗腐蚀疲劳、抗微动磨损等性能

二、电火花强化

电火花强化是以直接放电的方式向零件表面提供能量，并使之转化为热能和其他形式的能量，以达到改变表面层的化学成分和金相组织的目的，从而使表面性能提高。

电火花强化机主要由脉冲电源和振动器两部分组成。较简单的脉冲电源，采用 CR 弛张式脉冲发生器。其中直流电源、限流电阻器 R 和储能电容器 C 组成充电回路，而电容器 C、电极、工件及其连接线组成放电回路。通常，电极接电容器 C 正极，工件接负极。电极与振动器的运动部分相连接，振动的频率由振动器的振动电源频率决定，振动电源和脉冲电源组成一体，成为设备的电源部分。

电火花强化一般在空气介质中进行：电极未接触到工件时，强化机直流电源经电阻器 R 对电容器 C 充电；电极向工件运动而无限接近工件时，间隙击穿产生火花放电，电容器 C 上所储存的能量以脉冲形式瞬时输入火花间隙，形成放电回路通道，这时产生高温，使电极和工件上的局部区域熔化甚至汽化，随之发生电极材料向工件迁移和化学反应过程；电极仍向下运动直至接触工件，在接触处流过短路电流，使电极和工件的接触部分继续加热；电极以适当的压力压向工件，使熔化了的材料相互熔接、扩散，并形成新合金或化合物；电极离开工件，除了有电极材料熔渗进入工件表层深部以外，还有一部分电极材料涂覆在工件表面，这时放电回路被断开，电源重新对强化机电容器 C 充电。至此，一次电火花强化过程完成。重复这个充、放电过程并移动电极的位置，强化点相互重叠和熔合，在工件表面形成强化层。

在强化过程中，由于火花放电所产生的瞬时高温，使放电微区的电极材料和工件表面的基体材料瞬间被高速熔化，发生了高温物理化学冶金过程。在此冶金过程中，电极材料和被电离的空气中的氮离子等熔渗、扩散到工件表层，使其重新合金化，其化学成分也随着发生明显变化。同时，由于熔化微区体积极小，脉冲放电瞬时停止后，在基体材料上的被熔化的金属微滴因快速冷却凝固而被高速淬火，大大改变了工件表面层的组织结构和性能。用适当的电极材料强化工件，能在工件表面形成一层高硬度、高耐磨性和耐腐蚀性的强化层，显著地提高被强化工件的使用寿命。

电火花强化过程见表 2-27。

表 2-27　电火花强化过程

类别	说　　明
强化前准备	了解工件材料硬度、工件表面状况、工作性质及经强化后希望达到的技术要求，以便确定是否采用该工艺。确定强化部位，并予以清洁。对于中小型模具和刀具强化以及量具的修复通常选用小功率强化机；对于需要较厚强化层的大型工件的强化和修复，可选用大功率强化机。强化规范的选择要根据工件对粗糙度和强化层厚度的要求进行。一般为了同时保证粗糙度和厚度，往往采取多规范强化的方法。最常用的电极材料是 YG8 硬质合金
实施强化	调整电极与工件强化表面的夹角，控制电极移动速度等
强化后处理	包括表面清理和表面质量检查

电火花强化除了可应用于模具、刀具和机械零件易磨损表面的强化外，还广泛地应用于修复各种模具、量具、轧辊、零件的已磨损表面，修复质量较好，经济性也较佳。

电火花强化由于强化层较薄，最厚仅达 0.06mm，经强化后零件表面较粗糙，强化机多为手工操作，生产率低等，其应用受到一定限制。

三、表面热处理强化

表面热处理是通过对零件表面加热、冷却，使其发生相变，从而改变其组织和性能而不改变成分的一种技术。当零件表面被快速加热时，各截面上的温度分布是不均匀的，表面温度高，由表及里温度逐渐降低。当表面温度超过相变点达到奥氏体化温度后，快冷使零件表面获得马氏体组织，而其心部仍保留原组织状态，表面形成硬化层，这样就达到了强化零件表面的目的。

常用的表面热处理强化包括高频和中频感应加热表面淬火、火焰加热表面淬火、接触电阻加热表面淬火、高温盐浴炉加热表面淬火等。以上除接触电阻加热表面淬火外，其他均为常规的热处理方法。

接触电阻加热表面淬火是利用铜滚轮或碳棒和零件间接触电阻使零件表面加热，并依靠自身热传导来实现冷却淬火。这种方法设备简单，操作灵活，零件变形小，淬火后不需回火。它可以显著提高零件的耐磨性和抗擦伤能力，但是淬硬层较薄，只有 0.15 ～ 0.30mm，金相组织及硬度的均匀性较差。多用于机床铸铁导轨、气缸套、曲轴等的表面淬火。

四、表面化学热处理强化

表面化学热处理强化是利用合金元素扩散性能，使合金元素渗入零件金属表层的一种热处理方法。将工件置于含有渗入元素的活性介质中，加热到一定温度，使活性介质通过扩散并释放出欲渗入元素的活性原子。活性原子被表面吸附并溶入表面，溶入表面的原子向金属表层扩散渗入形成一定厚度的扩散层，从而改变表层的成分、组织和性能。

表面化学热处理强化可以提高金属表面的强度、硬度和耐磨性，提高表面疲劳强度，提高表面的耐腐蚀性，使金属表面具有良好的抗黏着能力和低的摩擦因数。

常用的表面化学热处理强化方法有表 2-28 中所列几种。

表 2-28　常用的表面化学热处理强化方法

类别	说　明
渗硼	可提高表面硬度、耐磨性和耐腐蚀性
渗碳、渗氮、碳氮共渗	可提高表面硬度、耐磨性、耐腐蚀性和疲劳强度
渗金属	渗入金属大多数为 W、Mo、V、Cr 等，它们与碳形成碳化物，硬度极高，耐磨性很好，抗黏着能力强，摩擦因数小

五、激光表面处理强化

激光表面处理是高能密度表面处理技术中的一种主要手段，在一定条件下它具有传统表面处理技术或其他高能密度表面处理技术不能或不易达到的优势，广泛用于汽车、冶金、石油、机床等行业以及刀具、模具等的生产和修复中。激光表面处理的目的是改变表面成分和显微结构，从而提高表面性能。

激光表面处理技术包括激光表面强化、激光表面涂覆、激光表面非晶态处理、激光表面合金化、激光气相沉积等（见表 2-29）。

表 2-29　激光表面处理技术

类别	说　明
激光表面强化	用激光加热零件表面，在极短的时间内，零件表面极薄层就达到相变或熔化温度，使表面耐磨性等性能提高
激光表面涂覆	用激光进行表面陶瓷涂覆，可避免热喷涂方法使涂层内有过多的气孔、熔渣夹杂、微观裂纹和涂层结合强度低等缺点。用激光涂覆陶瓷，涂层质量高，零件使用寿命长。激光还可用来在有色金属表面涂覆非金属涂层，如在铝合金表面用激光涂覆硅粉和 MoS_2，可获得 0.10～0.20mm 的硬化层，硬度大大高于基体，铝合金的预热温度宜为 300～500℃
激光表面非晶态处理	激光加热金属表面至熔融状态后，快速（大于一定临界冷却速度）冷却至某一特征温度以下，防止了金属材料的晶体形核和生长，从而获得表面非晶态结构，这种表面也称为金属玻璃。激光表面非晶态处理可减少表层成分偏析，消除表面的缺陷和可能存在的裂纹，使其具有良好的韧性，高的屈服点，非常好的耐腐蚀性、耐磨性以及优异的磁性和电学性能
激光表面合金化	这是一种既改变表面的物理状态，又改变其化学成分的激光表面处理技术。它是预先用电镀或喷涂等技术把所需合金元素涂覆在金属表面，再用激光照射该表面。也可以涂覆与激光照射同时进行。激光照射使涂覆层合金元素和基体表面薄层熔化、混合，而形成物理状态、组织结构和化学成分不同的新的表层，从而提高表层的耐磨性、耐腐蚀性和高温抗氧化性等
激光气相沉积	以激光束作为热源在金属表面形成金属膜，通过控制激光的工艺参数可精确控制膜的形成。用这种方法可以在普通材料上涂覆与基体完全不同的具有各种功能的金属或陶瓷，节约资源效果明显

第三章

典型零件的维修

第一节　典型零件修换原则、标准及修换方式的确定

一、零件的修换原则及标准

1. 零件的修换原则

① 主要件与次要件配合运转，磨损后一般修复主要件，更换次要件。例如，车床丝杠与螺母的传动，应对丝杠进行修整，而更换螺母。

② 加工工序长的零件与加工工序短的零件配合运转，磨损后一般对工序长的零件进行修复而更换工序短的零件。例如，主轴与滑动轴承的配合，采取修复主轴而更换轴承的方式。

③ 当大零件与小零件相配合的表面磨损后，一般修复大零件而更换小零件。例如，尾座与套筒的配合，对尾座进行修整而配换套筒；又如，大齿轮与小齿轮的啮合，对大齿轮进行修整而将小齿轮改成修正齿轮。

④ 一般件与标准件配合使用，磨损后通常修复一般件，更换标准件。

⑤ 当非易损件和易损件相配合的表面磨损后，一般修复非易损件，更换易损件。

除上述修换原则外，还需考虑以下问题：在确定修复旧件和更换新件时，要考虑经济性；修复后不能恢复原有技术要求的应更换新件；修复后不能维持一个修理间隔期的应更换新件；修复时间过长、停机时间过久、影响生产的应更换新件。

2. 零件的修换标准

零件的修换标准见表 3-1。

表 3-1　零件的修换标准

项目	说　　明
精度	①基础零件磨损后，影响了设备的精度，使其达不到零件的加工质量要求，如齿轮加工机床中的分度蜗轮副磨损 ②机床的主轴轴承和导轨等基础件的磨损会改变加工件的几何精度，当基础件间隙增大，啮合不良时，就会产生振动，影响工件表面粗糙度 ③磨损量未超差，但维持不到下一次大修期
使用功能	零件的磨损影响设备的使用功能，如离合器、摩擦片的磨损降低或失去传递动力的作用，凸轮磨损不能保持预定的运动规律等

项目	说　明
设备性能	虽能完成基本使用功能，但设备性能降低，如齿轮磨损则噪声增大，效率下降，传递的平稳性逐渐遭到破坏
生产率	零件磨损，切削用量变化或增加设备的空行程时间，设备生产率降低，如导轨磨损，表面粗糙使运动阻力增加
强度	如传递动力的低速蜗轮副，齿面不断磨损，强度逐渐降低，最后发展到剥蚀或断裂；又如零件表面产生裂纹，导致应力集中而断裂
条件恶化	对于磨损零件，若继续使用，除磨损加剧外，还会出现发热、表面剥蚀等现象，进一步引发事故，如渗碳主轴的渗碳层磨损

二、零件修换方式的确定

一般来说，在保证设备精度的条件下，损坏零件应尽量修复，避免更换。究竟选择修复还是更换，应根据设备修理的质量、内容、工作量、成本、效率和周期等进行综合判断。

1. 机床主要铸件

① 机床导轨面磨损或损伤后，影响到机床精度时，应修复。

② 发现床身、箱体等部件有裂纹或漏油等缺陷，在不影响机床性能和精度的情况下，可以进行修复。

2. 主轴

① 弯曲变形超过设计值，且难以修复时，应更换。

② 出现裂纹或扭曲变形时，应更换。

③ 支承轴颈表面粗糙度 Ra 值大于规定值且有划伤时，应考虑修复。

④ 支承轴颈处的圆度及圆柱度超过直径公差的 40% 时，应考虑修复。

⑤ 两个支承轴颈的同轴度误差大于 0.01mm 时，应考虑修复。

⑥ 主轴的螺纹部分损坏，一般可以修小外径，螺距保持不变，重新配置螺母。

⑦ 主轴锥孔磨损后允许修磨，但修磨后，锥孔端面的位移应保证标准锥柄工具仍能适用，否则应更换。

⑧ 主轴上的花键磨损后，应进行修磨。

3. 一般轴类零件

① 磨损后应更换。

② 有裂纹或扭曲变形时，应更换。

③ 弯曲后，直线度误差超过 0.1mm/1000mm 时，应采用校直法修复。

④ 安装齿轮、带轮及滚动轴承的轴颈处磨损后，可采用修磨后涂镀的方法修复。

⑤ 安装滑动轴承的轴颈磨损后，可在修磨轴颈的基础上，配置轴瓦或轴套。

⑥ 轴上的键槽磨损后，可以根据磨损情况，适当地加大键槽宽度，但最大不得超过标准中规定的上一级尺寸。结构许可时，可在距原键槽位置 60° 处，另外加工一个键槽。

⑦ 配合轴颈超过上一级配合精度的过渡配合或间隙配合时，应进行修复或更换。

⑧ 配合轴颈的圆度、圆柱度误差超过直径公差的一半时，应进行修复或更换。

⑨ 配合轴颈的表面粗糙度 Ra 大于 1.6μm 时，应进行修复或更换。

4. 花键轴

① 有裂纹或扭曲变形时，应更换。

② 弯曲变形超过设计允许值时，应采用校直法修复。

③ 定心轴颈的表面粗糙度 Ra 大于 1.6μm，配合精度超过上一级配合精度或键侧隙大于 0.08mm 时，应更换。

④ 键侧面的表面粗糙度 Ra 大于 1.6μm，磨损量大于键厚的 1/50 时，应修复或更换。

⑤ 键侧面出现压痕，其高度超过侧面高度的 1/4 时，应更换。

5. 主轴上的滑动轴承

① 外圆柱面与箱体孔间的配合出现间隙、松动等现象以及外圆的圆度误差超过规定值时，应更换。

② 外圆锥面与箱体孔的接触率低于 70% 时，可用刮研法修复，但要保证内孔尚有刮研调整余量。

③ 内孔与轴配刮后，尚有调整余量，并能维持一个修理间隔期，可以考虑修复。

6. 一般轴类零件的滑动轴承

① 外圆柱面与箱体孔之间的配合出现间隙，以及外圆的圆度误差超过规定值时，应更换。

② 内孔的表面粗糙度 Ra 大于 1.6μm，且有划伤，预计经过修刮后与轴颈的配合间隙不超过上一级配合精度时，可以考虑修复，否则应更换。

7. 滚动轴承

① 对于高精度滚动轴承及主轴滚动轴承，当精度超过规定的允差时，应更换。

② 对于一般传动轴的滚动轴承，当保持架变形损坏，或内、外圈磨损有点蚀现象，滚动体磨损有点蚀及其他缺陷，或快速转动时有显著的周期性噪声时，均应更换。

8. 齿轮、齿条

① 齿部发生变形及出现裂纹，应更换。

② 齿面严重疲劳点蚀，约占齿宽的 1/3，占齿高一半以上，以及齿面有严重的凹痕擦伤时，应更换。

③ 齿的端部倒角损伤，其长度不超过齿宽的 5% 时，允许重新倒角。

④ 齿面磨损严重或轮齿崩裂，一般均应更换新的齿轮。如果是小齿轮和大齿轮啮合，往往是小齿轮磨损较快，为了避免加速大齿轮的磨损，应及时地更换小齿轮。

⑤ 在齿面磨损均匀的情况下，弦齿厚的磨损量：主传动齿轮允许 6%；进给传动齿轮允许 8%；辅助传动齿轮允许 10%。不满足要求时，应更换。对于大模数（$m \geqslant 10mm$）齿轮，当齿厚磨损量超过上述数值时，可以采用变位法修复大齿轮，并配置变位的小齿轮。

⑥ 简单齿轮的齿部断裂，应进行更换。对于加工量较大的齿轮，视齿部断裂情况及使用条件，允许采用栽齿法、堆焊法及更换齿圈法进行修复。

9. 蜗杆副

① 对于动力蜗杆副，当蜗轮齿面严重损伤及产生变形时，应更换；蜗轮齿厚磨损量超过原齿厚的 10% 时应更换；齿面粗糙度 Ra 大于 1.6μm，或有轻微擦伤，可用蜗杆配刮修复；蜗轮、蜗杆发生接触偏移，其接触面积小于允许值（7 级精度长度上 65%、高度上 60%；8 级精度长度上 50%、高度上 50%）时，应更换；蜗杆面严重损伤，或黏着蜗轮齿部材料，应更换。

② 对于分度蜗杆副，若蜗轮齿面擦伤严重或产生变形，应更换；蜗轮齿面磨损后，精度下降，可以通过修复恢复精度，并配置新的蜗杆。

10. 带轮

① 平带轮的工作表面粗糙度 Ra 大于 3.2μm 或表面局部凸凹不平，允许修磨。

② V 带轮的 V 形槽边缘损坏，有可能使 V 带脱槽时，应更换。

③ V 带轮的 V 形槽底与 V 带底面的间隙小于标准间隙的一半时，可以采用车削等方法修复。

④ 径向圆跳动和端面圆跳动超过 0.2mm 时，应修复。

⑤ 高速带轮的径向圆跳动和端面圆跳动超过规定值时，应修复或更换。

11. 液压元件

液压元件修换方式的确定见表 3-2。

表 3-2　液压元件修换方式的确定

项目	说　明
齿轮泵	泵体内腔及齿轮工作表面的粗糙度 Ra 大于原设计要求的一级时，可以继续使用，大于两级时，应修复或更换；泵体与齿轮外径之间的间隙超过规定值的 100% 时，应更换；其轴向间隙超过 30% 时，应修复
叶片泵	定子、转子及叶片的粗糙度 Ra 大于原设计要求的一级时，可以继续使用，大于两级时，应修复或更换；叶片与转子槽的配合间隙超过原设计要求的 50% 时，应更换；定子的工作表面拉毛或有棱时，应修复
柱塞泵	柱塞滚道、柱塞及转子柱塞孔的粗糙度 Ra 大于原设计要求的一级时，可以继续使用，大于两级时，应更换；柱塞与柱塞孔的间隙超过原设计要求的 100% 时，应更换柱塞，修配柱塞孔
工作液压缸	内表面粗糙度 Ra 大于原设计要求的一级时，可以继续使用，大于两级时，应更换；缸内孔的圆度及圆柱度误差超过原设计要求的 50% 时，应修复
活塞	表面粗糙度 Ra 大于原设计要求的一级时，可以继续使用，大于两级时，应更换；不带密封环的活塞与液压缸的径向间隙超过原设计要求的 50% 时，应更换活塞
操纵阀	阀体及阀杆的表面粗糙度 Ra 大于原设计要求的两级时，应修复；阀体与阀杆的间隙超过原设计要求的 50% 时，应更换阀杆（对溢流阀可适当放宽）

第二节　轴的维修

一、轴的失效形式

　　轴的结构形式、工作性质及条件各不相同，失效的形式和程度也不相同。轴类零件常见的失效形式见表 3-3。

表 3-3　轴类零件常见的失效形式

项目	说　明
腐蚀	受氧化性、腐蚀性较强的气体、液体作用
磨损	低速重载或高速运转，润滑不良，较硬杂质介入
变形	轴的强度和刚度不足、过载或轴系结构不合理，高温导致材料强度降低甚至发生蠕变

项目	说　　明	
断裂	交变应力作用、局部应力集中、微小裂纹扩展等引起疲劳断裂；温度过低、快速加载、电镀等使氢渗入轴中，引起脆性断裂；过载、材料强度不够、热处理使韧性降低及低温、高温等引起韧性断裂	
轴上的键槽、螺纹等损坏	键槽受到较强冲击作用或经常拆卸，螺纹锈蚀或拆卸时操作不当，使键槽和螺纹损坏	

二、轴的维修方法

轴的维修方法见表 3-4。

表 3-4　轴的维修方法

项目		说　　明	
轴颈的维修	镶套	当轴颈磨损量小于 0.5mm 时，可用机械加工的方法使轴颈恢复正确的几何形状，然后按轴颈的实际尺寸选配新轴瓦或轴套。镶套修复的方法可以避免轴颈的变形，在实际中经常使用	
	堆焊	几乎所有的堆焊工艺都能用于轴颈的修复。堆焊后不进行机械加工的，堆焊层厚度应保持在 1.5～2.0mm；若堆焊后仍需进行机械加工，堆焊层的厚度应使轴颈比其公称尺寸大 2～3mm，堆焊后应进行退火处理	
	电镀或喷涂	当轴颈磨损量在 0.4mm 以下时，可镀铬修复，但成本较高，只适于重要的轴。为降低成本，对于不重要的轴应采用低温镀铁修复，此方法效果很好，原材料便宜，成本低，污染小，镀层厚度可达 1.5mm，有较高的硬度。磨损量不大的也可采用喷涂修复	
	粘接	把磨损的轴颈车小 1mm，然后用玻璃纤维蘸环氧树脂胶，逐层地缠在轴颈上，待固化后加工到规定的尺寸	
中心孔的维修		修复前，首先除去孔内的油污和铁锈，检查损坏情况，如果损坏不严重，用三角刮刀或油石等进行修整；当损坏严重时，应将轴装在车床上用中心钻加工修复，直至完全符合规定的技术要求	
圆角的维修		圆角对轴的使用性能影响很大，特别是在交变载荷作用下，常因轴颈直径突变部位的圆角被破坏或圆角半径减小导致轴折断。因此，圆角的修复不可忽视。圆角的磨损可采用锉削、车削、磨削加工修复。当圆角磨损很大时，需要进行堆焊，退火后车削至原尺寸。圆角修复后，不可有划痕、擦伤或刀迹，圆角半径也不能减小，否则会减弱轴的性能并导致轴的损坏	
螺纹的维修		当轴表面上的螺纹碰伤、螺母不能拧入时，可通过圆板牙套螺纹或车削加工修整。若螺纹滑牙或掉牙，可先把螺纹全部车削掉，然后进行堆焊，再通过车削加工修复	

项目	说　明
键槽的维修	当键槽只有小凹痕、毛刺或轻微磨损时，可用细锉、油石或刮刀等进行修整。若键槽磨损较严重，可扩大键槽，并配大尺寸的键或阶梯键；也可在原槽位置上旋转90°或180°重新按标准开槽，开槽前需先把旧键槽用气焊或电焊填满
花键的维修	当键齿磨损不大时，先将花键部分退火，进行局部加热，然后用钝錾子对准键齿中间，用手锤敲击，并沿键长移动，使键宽增加0.5～1.0mm。花键被挤压后，劈成的槽可用电焊焊补，最后进行机械加工和热处理 采用纵向或横向施焊的自动堆焊方法。纵向堆焊时，把清洗好的花键轴装到堆焊机床上，机床不转动，将振动堆焊机头旋转90°，并将焊嘴调整到与轴心线成45°的键齿侧面，焊丝伸出端与工件表面的接触点应在键齿的节径上，由床头向尾座方向施焊。横向堆焊与一般轴类零件修复时的自动堆焊相同。为保证堆焊质量，焊前应将工件预热，堆焊结束时，应在焊丝离开工件后断电，以免产生端面弧坑。堆焊后要重新进行铣削或磨削加工，以达到规定的技术要求 按照规定的工艺规程进行低温镀铁，镀铁后再进行磨削加工，使其符合规定的技术要求
裂纹和折断的维修	轴出现裂纹后若不及时修复，就有折断的危险。对于轻微裂纹可粘接修复，先在裂纹处开槽，然后用环氧树脂胶填补和粘接，待固化后进行机械加工。对于承受载荷不大或不重要的轴，其裂纹深度不超过轴径的10%时，可采用焊修方法。焊补前，必须认真做好清洁工作，并在裂纹处开好坡口。焊补时，先在坡口周围加热，然后再进行焊补。为消除内应力，焊补后需进行回火处理，最后通过机械加工达到规定的技术要求。对于承受载荷很大或重要的轴，其裂纹深度超过轴径的10%或存在角度超过10°的扭转变形时，应予以更换 当载荷大或重要的轴折断时，应及时更换。一般受力不大或不重要的轴折断时，可用焊接法把断轴对接起来，焊接前，先将两断面修平，分别钻好圆柱销孔，插入圆柱销，然后开坡口进行对接，圆柱销直径一般为$(0.3～0.4)d$（d为断轴直径），也可用双头螺柱代替圆柱销。若轴的过渡部分折断，可另加工一段新轴代替折断部分，新轴一端车出带有螺纹的尾部，旋入轴端已加工好的螺孔内，然后进行焊接。有时折断的轴经过修整后，长度缩短了，此时需要在轴的断口部位再接上一段轴
弯曲变形的维修	对弯曲变形小于8mm/1000mm的轴，可用冷校法进行校正。通常普通的轴可在车床上校正，也可用千斤顶或螺旋压力机进行校正。对要求较高、需精确校正的轴或弯曲变形较大的轴，则用热校法进行校正。加热时间根据轴径大小、弯曲程度及具体的加热设备确定。热校后应使轴的加热处退火，达到原来的技术要求
其他失效形式的维修	外圆锥面或圆锥孔磨损，均可用车削或磨削方法加工到较小或较大尺寸，达到修配要求，再另配相应的零件；轴上销孔磨损时，可将其尺寸铰大一些，另配销子；当轴的一端损坏时，可采用局部修换法进行修理，即切掉损坏的一段，再焊上一段新轴，并加工到要求的尺寸

第三节　轴承的维修

一、滚动轴承的维修

1. 滚动轴承的代用原则及代用方法

滚动轴承的代用原则如下。

① 代用轴承的工作能力和允许静载荷要尽量等于或接近原轴承的数据，使工作寿命不受影响。

② 代用轴承的极限转速不低于原轴承的实际转速。

③ 代用轴承的精度等级不低于原轴承的精度等级。

④ 代用轴承的各部分尺寸应尽量与原轴承相同。

滚动轴承的代用方法见表 3-5。

表 3-5　滚动轴承的代用方法

方法	说　明	
直接代用	代用轴承的内径、外径和轴承宽度尺寸与原轴承完全相同，不需加工即可装配使用	
以宽代窄	若一时无合适的代用轴承，其轴向又有一定安装位置时，可用较宽轴承代替原较窄轴承	
改变轴颈或箱体孔尺寸	代用轴承内径略小于原轴承内径，而外径又略大于原轴承外径，可改变轴颈尺寸或箱体孔尺寸，但不能影响轴或箱体孔的强度等要求	
轴承内孔镶套	代用轴承的外径与原轴承的外径相同，而内径较大，可内孔镶套。套的内径用原轴承内径制造公差，套的外径与代用轴承的内径采用稍紧的过渡配合	
轴承外圈镶套	代用轴承的内径与原轴承的内径相同，而外径较小，可外圈镶套。套的外径采用原轴承外径制造公差，套的内径与代用轴承的外径采用稍紧的过渡配合	
轴承的内孔和外圈同时镶套	代用轴承内径大于原轴承的内径，而外径又比原轴承的外径小，可在代用轴承的内孔和外圈同时镶套。多用于非标准轴承或较大轴承的改制和代用	

进口轴承代用：确定轴承类型、结构特点，查出与其结构相似的轴承；测量轴承各参数，确定轴承系列及尺寸；根据以上数据查阅有关手册选型。

2. 滚动轴承的检查

滚动轴承的检查部位及内容见表 3-6。

表 3-6　滚动轴承的检查部位及内容

部位	内　　容
滚动体	裂纹、锈蚀、麻点、剥落、磨损等缺陷 圆度误差一般不超过 0.01mm，每组滚珠直径误差不超过 0.01mm，圆柱（锥）滚子直径误差不超过 0.015mm
内圈	单列向心球轴承内径磨损量不超过 0.01mm，滚柱（锥）轴承内径磨损量不超过 0.015mm
外圈	单列向心球轴承外径磨损量不超过 0.01mm，滚柱轴承外径磨损量不超过 0.015mm

3. 滚动轴承的修复

　　在某些情况下，如使用大中型轴承、特殊型号轴承，购置同型号的新轴承比较困难，或轴承个别零件磨损，稍加修复即可使用，并能满足性能要求等，从解决生产急需、节约的角度出发，修复旧轴承还是非常必要的。这时需要根据轴承的大小、类型、缺陷的严重程度、修复的难易程度、经济效益和实际修复条件综合考虑。滚动轴承的修复方法见表 3-7。

表 3-7　滚动轴承的修复方法

方法	说　　明
选配	不需要修复轴承中的任何一个零件，只要将同类轴承全部拆卸，并清洗、检验，把符合要求的内、外圈和滚动体重新装配成套，恢复其配合间隙和安装精度即可
电镀	凡选配法不能修复的轴承，可对外圈和内圈镀铬，恢复其原有尺寸后再进行装配。镀铬层不宜太厚，否则容易剥落，降低力学性能。也可镀铜、镀铁
电焊	圆锥或圆柱滚子轴承的内圈尺寸若能确定修复，可采用电焊修补。修补的工艺过程是：检查、电焊、车削整形、抛光、装配
整形	轴承保持架除变形过大、磨损过度外，一般都能使用专用夹具和工具进行整形。为了防止保持架整形和装配时断裂，应在整形前进行正火处理，然后抛光待用。若保持架有小裂纹，也可在整形后用胶黏剂修补

4. 滚动轴承常见故障与排除

　　滚动轴承常见故障与排除见表 3-8。

表 3-8　滚动轴承常见故障与排除

故障	原　　因	排　除　方　法
振动	①轴颈磨损 ②轴承与箱体孔间隙太大 ③轴承损坏	①修复轴颈 ②修复箱体孔 ③更换轴承

故障	原 因	排 除 方 法
温度过高	①轴承装配太紧 ②润滑油缺少或变质 ③与其他零件摩擦 ④预加载荷过大 ⑤轴承的内、外圈松动 ⑥过载	①选用合适的配合 ②疏通油路，保证润滑良好 ③合理安装 ④采用适当的预加载荷 ⑤修复轴颈或箱体孔 ⑥降低载荷
转动不灵活	①轴承内圈与轴颈配合不当，间隙过小 ②轴承外圈与箱体孔配合不当，间隙过小 ③预加载荷过大 ④润滑油有杂质 ⑤轴承安装对中不良	①正确选择配合间隙 ②正确选择配合间隙 ③合理选择预加载荷 ④清洗轴承，选用合格的润滑油 ⑤调整中心
内圈开裂	①内圈与轴配合太紧 ②安装不当	①合理选择配合 ②正确安装
滚动体和滚道压伤	装配或拆卸方法不正确	使用正确的安装或拆卸方法

二、滑动轴承的维修

1. 滑动轴承常见故障与排除

滑动轴承常见故障与排除见表3-9。

表3-9　滑动轴承常见故障与排除

故障	原因	排除方法
拉毛	大颗粒污物进入轴承间隙并嵌藏在轴瓦上，运转时刮伤轴的表面，进而拉毛轴承	注意润滑油的洁净，检修时注意清洗，防止污物进入
变形	超载、超速，使轴承局部的应力超过弹性极限，出现塑性变形；轴承装配不好；润滑不良，油膜局部压力过高	防止超载、超速；安装应对中；加强润滑，防止过热

故障	原因	排除方法
胶合（烧蚀）	润滑不良，轴承过热；载荷过大；安装不对中	加强润滑，防止过热、过载；重新安装，保证安装对中
穴蚀	轴承结构不合理；轴的振动；油膜中形成紊流，使油膜压力变化，形成蒸气泡，蒸气泡破裂，轴瓦局部产生真空，引起小块剥落，产生穴蚀破坏	改进轴承结构；减小轴承间隙；增大供油压力；更换合适的轴承材料
电蚀	由于绝缘不好或接地不良，使轴颈与轴瓦之间形成一定的电压，击穿轴颈与轴瓦之间的油膜而产生电火花，将轴瓦打成麻坑状	检查绝缘状况，特别是接地状况；增大供油压力
磨损及刮伤	润滑油中混有杂质、异物及污垢；检修方法不妥、安装不对中；润滑不良；使用维护不当；轴承或轴变形，轴承与轴颈磨合不良	清洗轴颈、油路、过滤器并换油；注意检修质量和安装质量；修刮轴瓦或新配轴瓦
疲劳破裂	由于不平衡引起的振动或轴的连续超载等造成轴承疲劳破裂；轴承检修和安装质量不高；轴承温度过高	减少振动，防止偏载、过载；提高安装质量；采用适当的轴承合金及结构；严格控制轴承温度
温度过高	轴承冷却不好；润滑不良；过载、超速；装配不当、磨合不良；润滑油中杂质过多；密封不好	加强润滑；防止过载、超速；提高安装质量，调整间隙并磨合；加强密封

2. 滑动轴承的修换

当轴承孔磨损时，一般用调换轴承并通过镗削、铰削或刮削加工轴承孔的方法修复；也可用塑性变形法，即以缩短轴承长度和缩小内径的方法修复。没有轴套的轴承内孔磨损后，可用镶套法修复，即把轴承孔镗大，压入加工好的衬套，然后按轴颈修整，使之达到配合要求。

剖分式轴承的修换方法见表3-10。

表3-10 剖分式轴承的修换方法

方法	说明
更换轴瓦	一般在下述条件下需要更换轴瓦：胶合严重；碎裂严重；磨损严重，径向间隙过大而不能调整
刮研轴瓦	在运转中轴瓦擦伤或胶合是经常见到的。通常的维修方法是清洗后刮研轴瓦内表面，再与轴颈配合刮研，直到重新获得需要的接触精度为止。对于一些较轻的擦伤或某一局部烧蚀，可以通过清洗并更换润滑油，然后在运转中磨合的方法来处理，不必拆卸刮研

方法	说　　明
调整径向间隙	轴承因磨损而使径向间隙增大，从而出现漏油、振动、磨损加快等现象。在维修时，可在轴瓦背面镀铜或垫上薄铜皮（必须垫牢防止窜动）。轴瓦上合金层过薄时，要重新浇注抗磨合金或更换新轴瓦后刮配
减小接触角、增大油楔尺寸	随着运转时间的增加，轴承磨损逐渐增大，轴颈下沉，接触角增大，使润滑条件恶化，加快磨损。在径向间隙不必调整的情况下，可用刮刀开大瓦口，减小接触角，缩小接触范围，增大油楔尺寸。有时这种修复方法与调整径向间隙同时进行，会得到更好的修复效果
补焊和堆焊	对磨损、刮伤、断裂或有其他缺陷的轴承，可用补焊或堆焊的方法修复
塑性变形	①镦粗法：用金属模和芯棒定心，在上模上加压，使轴套内径减小，然后再加工其内径，此法适用于轴套的长度与直径之比小于 2 的情况 　　②压缩法：将轴套装入模具中，在压力的作用下使轴套内、外径都减小，减小后的外径经金属喷涂后再加工到需要的尺寸 　　③校正法：将两半轴瓦合在一起，固定后在压力机上加压成椭圆形，然后将两半轴瓦的接合面各切去一定厚度，使轴瓦的内、外径均减小，外径经金属喷涂后再加工到需要的尺寸

第四节　传动零件的维修

一、丝杠的维修

　　多数丝杠由于长期暴露在外，极易产生磨料磨损，并在全长上不均匀，另外由于床身导轨磨损，使溜板箱连同开合螺母下沉，造成丝杠弯曲，旋转时产生振动，影响机床加工质量，因此必须对丝杠进行修复。

　　丝杠中的螺纹部分和轴颈磨损时，一般可以采用以下方法解决：掉头使用；切除损坏的非螺纹部分，焊接一段新轴后重新车削加工，使之达到原有的技术要求；在轴颈磨损处镀铬或堆焊，然后进行机械加工加以修复，车削时应保证轴颈轴线和丝杠轴线重合。

　　对于磨损过大的精密丝杠，常采用更换的方法。矩形螺纹丝杠磨损后，一般不能修理，只能换新。

二、曲轴、连杆的维修

1. 曲轴的维修

曲轴是机械设备中一种重要的动力传递零件，它的制造工艺比较复杂，造价较高，修复曲轴是维修中的一项重要工作。

曲轴的修换方法见表 3-11。

表 3-11　曲轴的修换方法

项目	说　　明
局部弯曲	①将曲轴支承在两 V 形铁上，用压床对凸面施压，矫正量应大于挠曲量的一定倍数，并保持载荷一定时间，矫直后进行人工时效 ②用手锤敲击曲轴凹面，敲击同一点次数不宜过多，敲击点应在非加工面上
轴颈磨损	①修磨轴颈，轴颈缩小量不超过 2mm ②磨损量大，可用喷涂、电镀、堆焊、粘接等方法进行修复
曲轴裂纹	曲轴裂纹一般出现在主轴颈或连杆轴颈与曲柄臂相连的过渡圆角处或轴颈的油孔边缘。若发现连杆轴颈上有较细的裂纹，经修磨后裂纹能消除，则可继续使用。一旦发现有横向裂纹，则必须予以更换

为利于成套供应轴承，主轴颈与连杆轴颈一般应分别修磨成同一级修理尺寸。特殊情况下，如个别轴颈烧蚀并发生在大修后不久，则可单独将这一轴颈修磨到另一等级。曲轴磨削可在专用曲轴磨床上进行，并遵守磨削曲轴的规范。在没有曲轴磨床的情况下，也可用曲轴修磨机或在普通车床上修复，此时需配置相应的夹具和附加装置。

磨损后的曲轴轴颈还可采用焊接剖分式轴套的方法进行修复。具体做法是：先把已加工的轴套剖切分开，然后焊接到曲轴磨损的轴颈上，并将两个半轴套也焊在一起，再用通用的方法加工到公称尺寸。在曲轴的轴颈上焊接剖分式轴套时，应先将半轴套焊在曲轴上，然后再焊接其切口，轴套的切口可开 V 形坡口。为了防止曲轴在焊接过程中产生变形或过热，应使用小的焊接电流，分段焊、多层焊、对称焊。焊后需将焊缝退火，消除应力，再进行机械加工。

2. 连杆的维修

连杆是承载较复杂作用力的重要部件。连杆螺栓是该部件的重要零件，一旦出现故障，可能导致设备的严重损坏。连杆常见的故障是大端变形。产生大端变形的原因主要是大端薄壁瓦瓦口余面高度过大，使用厚壁瓦的连杆大端两侧垫片厚度不一致或安装不正确。在上述状态下，拧紧连杆螺栓后便产生大端变形，螺栓孔的精度也随之降低，因此在修复大端孔的同时应检修螺栓孔。

第三章 典型零件的维修

67

将连杆体和大端盖的两接合面铣去少许，使接合面垂直于杆体中心线，然后把大端盖组装在连杆体上。在保证大、小孔中心距尺寸精度的前提下，重新镗大孔到规定尺寸及精度。如两螺栓孔的圆度、圆柱度、平行度和孔端面对其轴线的垂直度不符合规定的技术要求，应镗孔或铰孔修复。铰孔修复时，孔端面可人工修刮达到精度要求。按修复后的实际尺寸配制新螺栓。

三、蜗轮蜗杆的维修

蜗杆传动的失效形式有齿面点蚀、胶合、磨损、轮齿折断及塑性变形，其中以胶合和磨损更易发生。蜗杆传动相对滑动速度大，蜗杆齿是连续的螺旋线，且材料强度高，因此失效总是出现在蜗轮上。在闭式传动中，蜗轮多因齿面胶合或点蚀失效；在开式传动中，蜗轮多因齿面磨损和轮齿折断而失效。

采用珩磨法修复蜗轮。将与原蜗杆尺寸完全相同的珩磨蜗杆装配在原蜗杆的位置上，利用机床传动使珩磨蜗杆转动，对蜗轮进行珩磨。

四、齿轮的维修

齿轮常见的失效形式、损伤特征、产生原因和维修方法见表 3-12。

表 3-12　齿轮常见的失效形式、损伤特征、产生原因及维修方法

失效形式	损伤特征	产生原因	维修方法
轮齿折断	整体折断一般发生在齿根，局部折断一般发生在轮齿一端	齿根处弯曲应力最大且集中，载荷过分集中、多次重复作用、短期过载等易造成轮齿折断	堆焊、局部更换、栽齿、镶齿
疲劳点蚀	在节线附近的下齿面上出现疲劳点蚀坑并扩展，呈贝壳状，可遍及整个齿面，噪声、磨损、振动加大，在闭式齿轮中经常发生	长期受交变接触应力作用，齿面接触强度和硬度不高、表面粗糙度大、润滑不良等易造成疲劳点蚀	堆焊、更换齿轮、变位切削
齿面剥落	脆性材料、硬齿面齿轮在表层或次表层内产生裂纹，然后扩展，材料呈片状剥离齿面，形成剥落坑	齿面受高的交变接触应力，局部过载、材料缺陷、热处理不当、润滑油黏度过低、轮齿表面质量差等易造成齿面剥落	堆焊、更换齿轮、变位切削

失效形式	损伤特征	产生原因	维修方法
齿面胶合	齿面金属在一定压力下直接接触发生黏着，并随相对运动从齿面上扯离，按形成条件分为热胶合和冷胶合	热胶合产生于高速重载，局部瞬时高温导致油膜破裂，使齿面局部粘焊；冷胶合产生于低速重载，局部压力过高，油膜压溃	更换齿轮、变位切削、加强润滑
齿面磨损	轮齿接触表面沿滑动方向有均匀重叠条痕，多见于开式齿轮，导致齿形破坏、齿厚减薄而断齿	铁屑、尘粒等进入轮齿的啮合部位引起磨粒磨损	堆焊、调整换位、更换齿轮、塑性变形、变位切削、加强润滑
齿形改变	齿面产生塑性流动，破坏了正确的齿形曲线	齿轮材料较软、承受载荷较大、齿面间摩擦力较大等易造成塑性变形	更换齿轮、变位切削、加强润滑

修复齿轮的具体操作方法见表 3-13。

表 3-13　修复齿轮的具体操作方法

方法	说　明
调整换位	对于单向运转受力的齿轮，轮齿常为单面损坏，只要结构允许，可直接进行调整换位，将已磨损的齿轮变换一个方位，利用齿轮未磨损或磨损轻的部位继续工作 对于结构对称的齿轮，当单面磨损后可直接翻转180°，重新安装使用，注意圆锥齿轮或正、反转的齿轮不能采用这种方法 若齿轮精度不高，并由齿圈和轮毂组合而成（铆合或压合），其轮齿单面磨损时，可先除去铆钉，拉出齿圈，翻转180°后再进行铆合或压合，即可使用 结构左右不对称的齿轮，可将影响安装的不对称部分去掉，并在另一端用焊、铆或其他方法添加相应结构后，再翻转180°安装使用；也可在另一端加调整垫片，把齿轮调整到正确位置，而无需添加结构 对于单面进入啮合位置的变速齿轮，若发生齿端缺损，可将原有的拨叉槽车削掉，然后把新制的拨叉槽用铆或焊的方法装到齿轮的反面
栽齿	对于承受低速、平稳载荷且要求不高的较大齿轮，可将断齿根部锉平，根据齿根高度及齿宽情况在其上面栽上一排材质与齿轮相似的螺钉（包括钻孔、攻螺纹、拧螺钉），并堆焊连接各螺钉，然后按齿形样板加工出齿形
镶齿	对于受载不大，但要求较高的齿轮，可用镶齿的方法修复。多联齿轮、塔形齿轮中有个别齿轮损坏，可用齿圈替代。重型机械的齿轮通常把齿圈以过盈配合的方式装在轮芯上，成为组合式结构，当这种齿轮的轮齿磨损超限时，可把坏齿圈拆下，换上新齿圈

方法	说　明
堆焊	当齿轮的轮齿崩坏、齿端、齿面磨损超限，或存在严重表层剥落时，可以使用堆焊法进行修复。齿轮堆焊的一般工艺为：焊前退火、焊前清洗、施焊、焊缝检查、焊后机械加工与热处理、精加工、最终检查及修整 　　轮齿局部堆焊和齿面多层堆焊方法如下： | 方法	说　明
轮齿局部堆焊	当个别轮齿断齿时，可用电弧焊进行局部堆焊。为防止齿轮过热，避免热影响，可把齿轮浸入水中，只将被焊齿露出水面进行堆焊。轮齿端面磨损超限，可采用熔剂层下自动堆焊
齿面多层堆焊	当齿轮少数齿面磨损严重时，可用齿面多层堆焊。施焊时，从齿根逐步焊到齿顶，每层重叠量为 2/5 ～ 1/2，焊一层经稍冷后再焊下一层。如果有几个齿面需堆焊，应间隔进行 | 　　对于堆焊后的齿轮，要经过加工处理才能使用，最常用的两种加工方法如下： | 方法	说　明
磨合法	按应有的齿形进行堆焊，以齿形样板随时检验堆焊层厚度，基本上不堆焊出加工余量，然后通过手工修磨处理，除去大的凸出点，最后在运转中依靠磨合磨出光洁表面。这种方法工艺简单、维修成本低，但配对齿轮磨损较大、精度低。它适用于转速很低的开式齿轮修复
切削加工法	齿轮在堆焊时留有一定的加工余量，然后在机床上进行切削加工。此种方法能获得较高的精度，生产率也较高	
塑性变形	用一定的模具和装置并以挤压或滚压的方法将齿轮轮缘部分的金属向轮齿方向挤压，使磨损的轮齿加厚。将齿轮加热到 800 ～ 900℃，放入图 3-1 所示的下模中，然后将上模沿导向杆装入，用手锤在上模四周均匀敲打，使上、下模互相靠紧。将销子对准齿轮中心以防止轮缘金属经挤压进入齿轮轴孔的内部。在上模上施加压力，齿轮轮缘金属即被挤压流向轮齿部分，使齿厚增大。齿轮经模压后，再通过铣齿，最后按规定进行热处理 　　此法适用于修复模数较小的齿轮。由于受模具尺寸的限制，齿轮的直径也不宜过大；需修复的齿轮不应有损伤、缺口、剥蚀、裂纹以及用此法修复不了的其他缺陷；材料要有足够的塑性，并能成形；结构要有一定的金属储备量，使磨损区的轮齿得到扩大，且磨损量应在允许范围内
变位切削	齿轮磨损后可利用变位切削，将大齿轮的磨损部分切去，另外配换一个新的小齿轮，齿轮传动即能恢复。大齿轮经过负变位切削后，齿根强度虽降低，但仍比小齿轮高，只要验算轮齿的弯曲强度在允许的范围内便可使用 　　若两齿轮的中心距不能改变，与经过负变位切削后的大齿轮相啮合的新小齿轮必须采用正变位切削。它们的变位系数大小相等，符号相反，使中心距与变位前的中心距相等 　　如果两传动轴的位置可调整，新的小齿轮不用变位，仍采用原来的标准齿轮。若小齿轮装在电机轴上，可移动电机来调整中心距

方法	说　明
变位切削	采用此法修复齿轮，必须关注如下相关方面：根据大齿轮的磨损程度，确定切削位置；当大齿轮齿数小于 40 时，需验算是否会有根切现象；当小齿轮齿数小于 25 时，需验算齿顶是否变尖；必须验算齿轮齿形有无干涉；对闭式传动的大齿轮经负变位切削后，应验算轮齿表面的接触疲劳强度；当大齿轮的齿数小于 40 时，需验算弯曲强度 此法适用于大模数的齿轮，因齿面磨损而失效，成对更换不合算，对大齿轮进行负变位切削修复，只需配换一个新的正变位小齿轮，使传动得到恢复。它可减少材料消耗，缩短修复时间
金属涂覆	对于模数较小的齿轮齿面磨损，不便于用堆焊等工艺修复，可采用金属涂覆的方法。这种方法的实质是在齿面上涂以金属粉层，然后进行热处理、机械加工，从而使零件的原有尺寸得到恢复，并获得耐磨及其他特性的覆盖层 修复时根据齿轮的工作条件及性能要求选择粉末材料。涂覆的方法主要有喷涂、压制、沉积和复合等

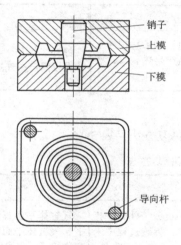

图 3-1　塑性变形法修复齿轮用模具

　　铸铁齿轮的轮缘、轮辐产生裂纹或断裂时，常采用焊补的方法；也可采用补夹板的方法加强轮缘或轮辐；还可用加热的扣合件在冷却过程中产生冷缩将损坏的轮缘或轮辐锁紧。

　　齿轮键槽损坏，可用插、刨或钳工把原来的键槽尺寸扩大 10% ～ 15%，同时配制相应尺寸的键。如果损坏的键槽不能用上述方法修复，可转位在与旧键槽成 90°的表面上重新开一个键槽，同时将旧键槽堆焊补平；若待修复齿轮的轮毂较厚，也可将轮毂孔以齿顶圆定心镗大，然后在镗好的孔中镶套，再切制标准键槽，注意镗孔后轮毂壁厚小于 5mm 的齿轮不宜用此法修复。

第五节 壳体零件的维修

壳体零件是机械设备的基础件之一，它的结构形状一般都比较复杂，壁厚不均匀，内部呈腔形，在壁上有许多孔和平面需要加工。壳体零件的修复对机械设备的精度、性能和寿命有直接的影响。下面对两种壳体零件的修复工艺进行简要介绍。

一、气缸体的维修

1. 气缸体裂纹的修复

气缸体产生裂纹的原因和修复方法见表 3-14。

表 3-14　气缸体产生裂纹的原因和修复方法

原　因	修复方法
急剧的冷热变化形成内应力；冬季忘记放水而冻裂；气门座附近局部高温产生热裂纹；装配时因过盈量过大引起裂纹	焊补，粘补，栽铜螺钉填满裂纹，用螺钉把补强板固定在气缸体上等

2. 气缸体变形的修复

气缸体变形的原因和修复方法见表 3-15。

表 3-15　气缸体变形的原因和修复方法

原　因	修复方法
制造过程中产生的内应力和负载（外力）相互作用，使用过程中缸体过热，拆装过程中未按规定操作等	气缸体平面螺孔附近凸起，用油石或细锉修平；气缸体平面不平，可用铣、刨、磨等加工方法修复，也可刮削、研磨

3. 气缸体磨损的修复

气缸体磨损的原因和修复方法见表 3-16。

表 3-16　气缸体磨损的原因和修复方法

原　因	修复方法
由腐蚀、高温和与活塞环的摩擦造成，主要发生在活塞环运动的区域内	采用镗削和磨削的方法，将缸径扩大到某一尺寸，然后选配与气缸相符的活塞和活塞环，恢复正确的几何形状和配合间隙。当缸径超过标准直径直至最大限度时，可以镶套修复，也可镀铬修复

二、变速箱体的维修

1. 变速箱体的常见故障

变速箱体的常见故障见表 3-17。

表 3-17　变速箱体的常见故障

故障	说　明
箱体变形	箱体变形后将破坏轴承座孔之间、孔与箱体平面之间的位置精度。最主要的是同一根轴前、后轴承座孔的同轴度和各轴孔之间的平行度，其次是箱体的后端面与轴承座孔轴线的垂直度。上述各项位置精度降低后，将使变速箱传递转矩的不均匀性加大，齿轮轴向分力增大
轴承座孔磨损	轴承座孔一般不易产生磨损，只有当轴承进入脏物或滚道严重磨损后，滚动阻力增大，或因缺油轴承烧蚀有可能会引起轴承座孔磨损，此外，轴向窜动量过大也有可能造成轴承座孔磨损
箱体裂纹	一般情况下属制造缺陷，有时工作时受力过大也会引发裂纹

2. 变速箱体的修理

① 箱体上平面翘曲或平面度误差较小时，可将箱体倒置于研磨平台上，用气门砂研磨修平。翘曲较大时，应用磨削或铣削方法修平，此时应以孔的中心线为基准找平，以保证加工后的平面与孔的中心线的平行度。

② 若孔间的平行度超差时，可用镗孔镶套的方法修复，以恢复各孔间的位置精度。

③ 裂纹焊补时应注意尽量减少箱体的变形和产生白口组织。

④ 若箱体的轴承座孔磨损，可用调整尺寸法和镶套法修复。压入套筒后应再次镗孔，直至符合规定的技术要求。此外，也可采用局部电镀、喷涂等方法进行修复。

第四章

机械零部件的拆装

第一节　机械零部件的拆卸

一、拆卸的基本原则和方法

一般零部件拆卸的基本原则见表 4-1。

表 4-1　一般零部件拆卸的基本原则

原则	说　明
拆卸前必须了解机械结构	查阅资料，弄清机械的类型、特点、结构原理，了解和分析零部件的工作性能、功能和操作方法
可不拆的尽量不拆	分析故障原因，从实际需要出发决定拆卸部位，避免不必要的拆卸，因为拆卸后可能会降低连接质量和损坏部分零件。拆卸经过平衡的零部件时应注意不要破坏原来的平衡
选择合适的拆卸方法	选择合适的拆卸工具和设备；一般按与装配相反的顺序从外到内、从上到下拆卸，先拆部件或组件，后拆零件；起吊应防止零部件变形或发生人身及设备事故
为装配创造条件	对成套或选配的零件，及不可互换的零件，拆前应按原来部位或顺序做好标记；对拆卸的零部件应按顺序分类，合理存放，精密细长轴、丝杠等零件拆下后应立即清洗、涂油并悬挂好
辨清螺纹旋向	必须仔细辨清螺纹旋转方向

一般零部件拆卸的常用方法见表 4-2。

表 4-2　一般零部件拆卸的常用方法

方法		说　明
击卸	手锤	应用广泛，操作方便。对被击卸件应辨别结构及走向；手锤重量选择合理，力度适当，对被击卸件端部需采取保护措施
	自重	操作简单，拆卸迅速，应掌握操作技巧
拉卸	拉卸工具	安全，不易损坏零件，适于拆卸高精度或无法敲击而过盈量较小的零件。拆卸时两拉杆应平衡
	拔销器	在拉卸轴、定位销、拔销器杆上安装内、外螺纹工具可扩大使用范围。使用时用力大小需合适，需弄清轴上零件结构形式
顶压	顶压工具	静力顶压拆卸，根据配合情况和零件大小选择压力。在使用时应放置适当的垫套或芯头
	螺钉	不需专用工具。对于两个以上螺钉，应同时旋入以确保被拆件平稳移动
破坏性拆卸		对相互咬死的轴与套或铆焊件等可用车、镗、錾、锯、钻、气割等多种方法拆卸。使用此法时根据连接件具体情况决定取舍，使用合理的破坏性拆卸方法进行拆卸
热胀冷缩法	热胀	使被拆件加速膨胀，及时拆卸
	冷缩	低温收缩被包容件

二、拆卸时的注意事项

① 拆卸时要特别注意保护主要零件，防止损坏。对于相配合的两个零件，拆卸时应保护好精度高、制造困难、生产周期长、价值较高的零件。

② 用手锤敲击零件时，应在零件上垫好软衬垫或者用铜锤、木锤等敲击。敲击方向要正确，用力要适当，落点要得当，防止损坏零件的工作表面，给修复工作带来麻烦。

③ 零件拆卸后应尽快清洗，并涂上防锈油，精密零件还要用油纸包裹好，防止其生锈或碰伤表面。零件较多时应按部件分类存放。

④ 拆下来的液压元件、油杯、油管、水管、气管等清洗后应将其进、出口封好，防止灰尘杂物侵入。

⑤ 长径比较大的零件如丝杠、光杠等拆下后，应垂直悬挂或多支点支承卧放，以防止变形。

⑥ 易丢失的细小零件如垫圈、螺母等清洗后应放在专门的容器里或用铁丝串在一起，以防止丢失。

⑦ 拆卸旋转部件时，应注意尽量不破坏原来的平衡状态。

⑧ 对拆卸的不互换零件要做好标记或核对工作，以便安装时对号入位。

三、典型连接件的拆卸

1. 铆钉连接的拆卸

铆钉连接的拆卸方法见表 4-3。

表 4-3　铆钉连接的拆卸方法

类型	拆卸方法
半圆头铆钉	可用凿子、砂轮或锉刀在铆钉半圆头上加工出一个小平面，然后用样冲冲出中心眼，再用直径小于铆钉直径 1mm 的钻头将铆钉头钻掉，最后用直径小于孔径的冲头冲出铆钉，如图 4-1 所示
沉头铆钉	用样冲在铆钉头上冲出中心眼，再用直径小于铆钉直径 1mm 的钻头将铆钉头钻掉，最后用直径小于孔径的冲头将铆钉冲出，如图 4-2 所示
抽芯铆钉	用与铆钉杆相同直径的钻头，对准钉芯孔扩孔，直至铆钉头脱落，然后用冲子将铆钉冲出，如图 4-3 所示
击芯铆钉	用冲钉冲击钉芯，再用与铆钉杆相同直径的钻头钻掉铆钉基体，如图 4-4 所示。如果铆件比较薄，可直接用冲头将铆钉冲掉

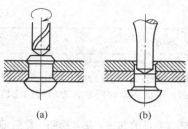
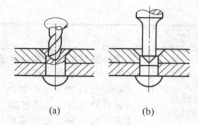

图 4-1 半圆头铆钉的拆卸   图 4-2 沉头铆钉的拆卸

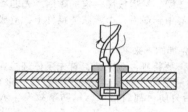
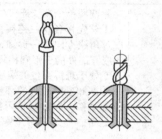

图 4-3 抽芯铆钉的拆卸   图 4-4 击芯铆钉的拆卸

2. 螺纹连接的拆卸

螺纹连接的拆卸应注意选用合适的扳手或旋具，尽量不用活扳手，应弄清螺纹的旋向，不要盲目用加力杆，拆卸双头螺柱时要用专用扳手。

螺纹连接的拆卸方法见表 4-4。

表 4-4 螺纹连接的拆卸方法

项目	拆卸方法
断头螺钉	螺钉断在机体内： ①在螺钉上钻孔，打入多角淬火钢杆，将螺钉拧出，注意打击力不可过大，以防损坏机体上的螺纹 ②在螺钉中心钻孔，攻反向螺纹，拧入反向螺钉，旋出断头螺钉 ③在螺钉上钻直径相当于螺纹小径的孔，再用同规格的螺纹刃具攻螺纹；或钻直径相当于螺纹大径的孔，重新攻一个比原螺纹直径大一级的螺纹，并选配相应的螺钉 ④用电火花在螺钉上打出方形或扁形槽，再用相应的工具拧出螺钉 螺钉断在机体外： ①在螺钉的断头上用钢锯锯出沟槽，然后用一字旋具将其拧出，或在断头上加工出扁头或方头，然后用扳手拧出 ②在螺钉的断头上加焊一弯杆或加焊一螺母后拧出
打滑内六角螺钉	内六角磨圆后会打滑而不易拆卸，用一个孔径比螺钉头外径稍小的六方螺母放在内六角螺钉头上，将螺母与螺钉焊接成一体，用扳手拧动六方螺母，即可将螺钉拧出

项目	拆 卸 方 法
锈死螺纹连接件	①用手锤敲击螺纹连接件的四周，以震松锈层，然后拧出 ②可先向拧紧方向稍拧动一些，再反方向拧，反复拧紧和拧松，逐步拧出 ③在螺纹件四周浇些煤油或松动剂，浸渗一定时间后，先轻轻锤击四周，使锈蚀面略微松动后，再拧出 ④若零件允许，还可采用快速加热包容件的方法，使其膨胀，然后迅速拧出螺纹连接件 ⑤采用车、锯、錾、气割等方法，破坏螺纹连接件
成组螺纹连接件	除按照单个螺纹连接件的拆卸方法外，还要做到以下几点： ①首先将各螺纹连接件拧松1～2圈，然后按照一定的顺序，先四周后中间按对角线方向逐一拆卸，以免力量集中到最后一个螺纹连接件上，造成难以拆卸或零部件的变形和损坏 ②处于难拆部位的螺纹连接件要先拆卸下来 ③拆卸悬臂部分的环形螺柱组时，要特别注意安全，首先要仔细检查零部件是否垫稳，起重索是否捆牢，然后从下面开始按对称位置拧松螺柱进行拆卸；最上面的一个或两个螺柱，在最后分解吊离时拆下，以防事故发生或零部件损坏 ④注意仔细检查在外部不易观察到的螺纹连接件，在确定整个成组螺纹连接件已经拆卸完后，方可将被连接件分离，以免造成零部件的损伤

3. 销连接的拆卸

拆卸普通圆柱销和圆锥销时，可用手锤敲出，圆锥销由小端向外敲出，如图4-5所示。拆卸有螺尾的圆锥销可用螺母旋出，拆卸带内螺纹的圆柱销和圆锥销可用拔销器取出。

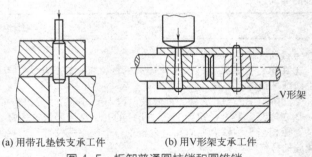

(a) 用带孔垫铁支承工件　　　　　(b) 用V形架支承工件

图4-5　拆卸普通圆柱销和圆锥销

第二节　机械零部件的装配

一、装配的工作内容和基本原则

机械设备装配不是将合格零部件简单地连接起来，而是要通过一系列工艺措施，才能最终达到产品质量要求。装配的工作内容一般包括表 4-5 中所列的几项。

表 4-5　装配的工作内容

内容	说　　明
清洗	目的是去除零部件表面或内部的油污及机械杂质
连接	连接的方式一般有两种，即可拆连接和不可拆连接：可拆连接在装配后可以很容易拆卸而不致损坏零件，且拆卸后仍可重新装配在一起，例如螺纹连接、键连接等；不可拆连接装配后一般不再拆卸，如果拆卸就会损坏其中的某些零件，例如焊接、铆接等
调整	包括校正、配作、平衡等。校正是指产品中相关零部件间相互位置找正，并通过各种方法，保证达到装配精度要求等。配作是指两个零件装配后确定其相互位置的加工，如配钻、配铰；或为改善两个零件表面接合精度的加工，如配刮及配研等。配作是与校正工作结合进行的。平衡是指为了防止使用中出现振动，装配时对其旋转零部件进行的静平衡或动平衡
检验和试车	机械设备装配完毕，应根据有关技术标准和规定，对产品进行较全面的检验和试车，合格后才能准予出厂

装配的基本原则如下。

① 研究和熟悉机械设备各部件、总成装配图和有关技术文件与技术资料，了解机械设备零部件的结构特点、作用、相互连接关系及其连接方式，对于那些有配合要求、运动精度较高或有其他特殊技术条件的零部件，应当引起特别的重视。

② 根据零部件的结构特点和技术要求，确定合适的装配工艺、方法和程序，准备好必备的工具、量具、夹具和材料。

③ 按清单检测各备装零件的尺寸精度与制造或修复质量，核查技术要求，凡有不合格者一律不得装配，对于螺柱、键及销等标准件有损伤者，应予以更换，不得勉强留用。

④ 零件装配前必须进行清洗，对于经过钻削、铰削、镗削等机械加工的零件，要将金属屑清除干净；润滑油道要用高压空气或高压油吹洗干净；相对运动的配合表面要保持洁净，以免因脏物或尘粒等混杂其间而加速配合表面的磨损。

⑤ 设备维修后装配时的顺序与拆卸顺序相反。要根据零部件的结构特点，采用合适的工具或设备，严格、仔细地按顺序装配，注意零部件之间的方位和配合精度要求。

⑥ 对于过渡配合和过盈配合零件的装配，如滚动轴承的内、外圈等，必须采用相应的专用工具和工艺措施进行手工装配，或按技术条件借助设备进行加热、加压装配。遇到装配困难的情况，应先分析原因，排除故障，提出有效的改进方法，再继续装配，不可乱敲乱打强行装配。

⑦ 对油封件必须使用芯棒压入；对配合表面要仔细检查并擦净，若有毛刺应经修整后方可装配；螺栓连接按规定的力矩分次均匀拧紧；螺母紧固后，螺栓露出的螺牙不少于两个且应等高。

⑧ 凡是摩擦表面，装配前均应涂抹适量的润滑油，如轴颈、轴承、轴套、活塞、活塞销和缸壁等；纸板、石棉、钢皮、软木等密封垫应统一按规格制作，自行制作时应细心加工，切勿使密封垫覆盖润滑油、水和空气的通道；机械设备中的各种密封管道和部件，装配后不得有渗漏现象。

⑨ 过盈配合件装配时，应先涂润滑油脂，以利于装配和减少配合表面的初磨损；另外，装配时应根据零件拆卸下来时所做的各种安装标记进行装配，以防出错而影响装配；对某些有装配技术要求（如装配间隙、过盈量、灵活度、啮合印痕等）的零部件，应边安装边检查，并随时进行调整，以避免装配后返工。

⑩ 在装配前，要对有平衡要求的旋转零部件按要求进行静平衡或动平衡试验，合格后才能装配。这是因为某些旋转零部件如带轮、飞轮、叶轮等新配件或修理件可能会由于金属组织密度不均、加工误差、本身形状不对称等原因，使其重心与旋转轴线不重合，在高速旋转时会因此而产生很大的离心力，引起机械设备的振动，加速零件磨损。

⑪ 每一个部件装配完毕，必须严格仔细地检查和清理，防止有遗漏或错装的零件，严禁将工具、多余零件及杂物留存在箱体中，确认后，再进行手动或低速试车，以防机械设备运转时引起意外事故。

二、典型零部件的装配

1. 螺纹连接的装配

（1）螺纹连接的装配方法　螺栓不应歪斜或弯曲，螺母应与被连接件接触良好。被连接件平面要有一定的紧固力，且受力均匀。

在多点螺纹连接中，应根据被连接件形状，以及螺栓的分布情况，按一定顺序逐次（一般2～3次）拧紧螺母，如图4-6所示。如有定位销，拧紧时要从定位销附近开始。

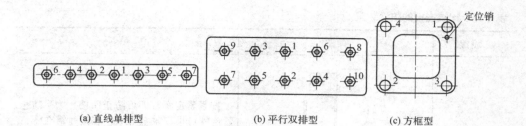

(a) 直线单排型　　　　　(b) 平行双排型　　　　　(c) 方框型

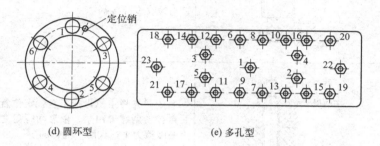

(d) 圆环型　　　　　　(e) 多孔型

图 4-6　多点螺纹连接拧紧顺序

有规定预紧力螺纹连接的装配方法见表 4-6。

表 4-6　有规定预紧力螺纹连接的装配方法

方　法	说　　明
力矩控制法	用定力矩扳手（手动、电动、气动、液压）控制，即拧紧螺母达到一定拧紧力矩后，可指示出拧紧力矩的数值，或到达预先设定的拧紧力矩时，发出信号或自行终止拧紧。例如手动指针式扭力扳手，在工作时，扳手杆和刻度板一起向旋转的方向弯曲，指针就在刻度板上指示出拧紧力矩的大小。力矩控制法的优点是操作方便，缺点是误差大
力矩 - 转角控制法	先将螺母拧至一定起始力矩（消除接合面间隙），再将螺母转过一固定角度后，扳手停转。此法精度较高，但在拧紧时必须计量力矩和转角两个参数，而且参数需事先进行试验和分析确定
控制螺栓伸长法（液压拉伸法）	螺母拧紧前，螺栓的原始长度为 L_1，按规定的拧紧力矩拧紧后，螺栓的长度为 L_2，测定 L_1 和 L_2，根据螺栓的伸长量，可以确定拧紧力矩是否准确。这种方法常用于大型螺栓，螺栓材料一般采用中碳钢或合金钢。用液压拉伸器使螺栓达到规定的伸长量，以控制预紧力，螺栓不承受附加力矩，误差较小

（2）螺纹连接的防松装置　作紧固用的螺纹连接，一般都具有自锁性，但当工作中有振动或冲击时，必须采用防松装置（见表 4-7），以防止回松。

表 4-7　螺纹连接的防松装置

装置	简图	说　明
紧定螺钉		拧紧紧定螺钉即可防止回松。为了防止紧定螺钉损坏轴上螺纹，装配时需在螺钉前端装入塑料或铜质保护块，避免紧定螺钉与螺纹直接接触
锁紧螺母	副螺母 主螺母	装配时先将主螺母拧紧至预定位置，然后再拧紧副螺母锁紧，依靠两螺母之间产生的摩擦力来达到防松的目的
开口销与带槽螺母		装配时将带槽螺母拧紧后，用开口销穿入螺栓上销孔内，拨开开口处，便可将螺母锁紧在螺栓上。这种装置防松可靠，但螺栓上的销孔位置不易与螺母最佳锁紧槽口吻合
弹簧垫圈		装配时将弹簧垫圈放在螺母下，当拧紧螺母时，垫圈受压，由于垫圈的弹性作用把螺母顶住，从而在螺纹间产生附加摩擦力。同时弹簧垫圈斜口的尖端抵住螺母和支承面，也有利于防止回松。这种装置容易刮伤螺母和支承面，因此不宜多次拆装
止动垫圈	圆螺母止动垫圈 带耳止动垫圈	圆螺母止动垫圈防松装置，在装配时先把垫圈的内翅插入螺杆的槽内，然后拧紧螺母，再把外翅弯入圆螺母槽内。带耳止动垫圈可以防止六角螺母回松，当拧紧螺母后，将垫圈的耳边弯折，使其与零件及螺母的侧面贴紧

装置	简 图	说 明
串连钢丝	成对螺栓 成组螺栓	对成对或成组的螺栓，可用钢丝穿过螺栓头部的小孔，利用钢丝的牵制作用来防止回松。它适用于布置紧凑的成组螺栓连接。装配时必须用钢丝钳或尖嘴钳拉紧钢丝，钢丝穿绕的方向必须与螺纹拧紧的方向相同。图示虚线的钢丝穿绕方向是错误的

2. 键连接的装配

　　键是用来连接轴和轴上零件，使其周向固定以传递转矩的一种机械零件。齿轮、带轮、联轴器等与轴多用键来连接。键连接具有结构简单、工作可靠、装拆方便等优点，因此获得了广泛应用。

　　（1）松键连接装配　松键连接所用的键有普通平键、半圆键、导向平键和滑键，它们的共同点是靠键的侧面来传递转矩，只能对轴上的零件进行周向固定，不能承受轴向力。如需轴向固定，则需附加定位环、紧定螺钉等定位零件。

　　普通平键（见图4-7）和半圆键（见图4-8）与轴和轮毂均为静连接，键的两侧面与键槽必须配合精确。导向平键（见图4-9）固定在轴槽上，键与轮毂相对滑动，键与滑动件的键槽两侧面必须配合紧密，没有松动现象。导向平键比滑动的孔长，为了保证连接的可靠性，还需用螺钉将键紧固在轴上。滑键（见图4-10）的作用与导向平键相同，适用于轴向运动较长的场合。滑键固定在轮毂槽中，键与轴槽两侧面为间隙配合，以保证工作时能正常滑动。

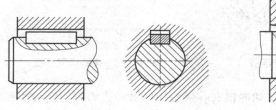

图4-7　普通平键连接

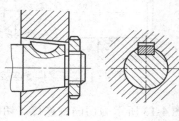

图4-8　半圆键连接

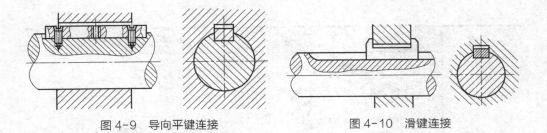

图 4-9　导向平键连接　　　　　　　　图 4-10　滑键连接

松键连接的装配主要以锉削为主，对于普通平键和半圆键锉削装配时，两侧面应有一定的过盈量，键顶面和轮毂槽底面之间留有一定的间隙，键底面与轴槽底面贴合。对导向平键和滑键要求键与滑动件的键槽侧面是间隙配合，而与非滑动件的键槽侧面之间的配合为过盈配合，必须紧密，没有松动现象。导向平键的沉头螺钉要紧固牢靠，点铆防松。

松键连接的装配步骤：首先，清理键和键槽上的毛刺，检查键的平直度、键槽对轴心线的对称度和歪斜程度；试配，对于普通平键和导向平键，应能使键紧紧地嵌在轴槽中，滑键应嵌在轮毂槽中，锉配键长，键头与轴槽间应有 0.1mm 左右的间隙；最后，配合面涂机械油，用手锤加垫铁将键打入键槽中。

（2）紧键连接装配　紧键连接主要指楔键连接和切向键连接。楔键连接分为普通楔键（见图 4-11）和钩头楔键（见图 4-12）两种。在键的上表面和与它相接触的轮毂槽底面，均有 1 : 100 的斜度，键侧面与键槽间有一定的间隙。装配时将键打入，形成紧键连接，传递转矩和承受单向轴向力。楔键连接的对中性较差，故多用于对中性要求不高、转速较低的场合。

楔键连接装配要点：键的斜度要与轮毂槽的斜度一致（装配时应用涂色检查斜面接触情况），否则套件会发生歪斜；键的上、下工作表面与轴槽、轮毂槽的底部应贴紧，而两侧面要留有一定间隙；对于钩头楔键，不能使钩头紧贴套件的端面，必须留出一定的距离，以便拆卸。

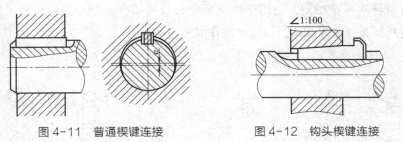

图 4-11　普通楔键连接　　　　　　图 4-12　钩头楔键连接

图 4-13 所示为切向键连接。切向键有普通型切向键和强力型切削键两种类型。切向键连接装配要点：一对切向键在装配后的相互位置应用销或其他适当的方法

固定；长度按实际结构确定，建议一般比轮毂厚度大 10% ～ 15%；一对切向键在装配时，在 1：100 的两斜面之间，以及键的两工作面与轴槽和轮毂槽的工作面之间都必须紧密接合；当出现交变冲击载荷时，轴径从 100mm 起，推荐选用强力切向键；两对切向键如果 120° 安装有困难时，也可按 180° 安装。

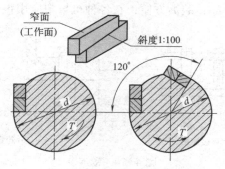

图 4-13　切向键连接

（3）花键连接装配　花键轴的种类较多，按齿廓的形状可分为矩形齿、梯形齿、渐开线齿等。花键的定心方式有三种，见表 4-8。矩形齿花键轴加工方便，强度较高，而且易于对正，应用较广。

表 4-8　花键的定心方式

定心方式	图　　示
小径定心	
大径定心	
齿形定心	

花键连接按工作方式不同，可分为静连接和动连接两种。静连接花键装配时，花键孔与花键轴允许有少量过盈，装配时可用铜棒轻轻敲入，但不得过紧，否则会拉伤配合表面。过盈较大的配合，可将套件加热至 80 ～ 120℃后进行装配。动

连接花键装配时，花键孔在花键轴上应滑动自如，没有阻滞现象，但不能过松，应保证精确的间隙配合。

3．销连接的装配

销连接在机械中除起连接作用外，还可以起定位作用，如图 4-14 所示。销连接的结构简单，连接可靠，装拆方便，在各种机械中应用很广。

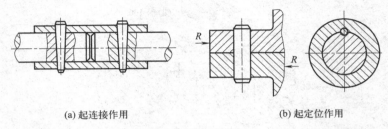

(a) 起连接作用　　　　　　　　(b) 起定位作用

图 4-14　销连接

圆柱销与销孔的配合依靠少量的过盈，以保证连接或定位的紧固性和准确性，

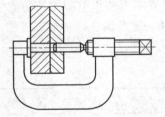

图 4-15　用 C 形夹头装配圆柱销

故一经拆卸失去过盈就必须更换。为保证两销孔的中心重合，一般将两销孔同时钻铰，其表面粗糙度要求为 $Ra1.6\mu m$ 或更小。装配时在销上涂油，用铜棒垫在销端面上，将其打入孔中。也可用 C 形夹头把销压入孔内，如图 4-15 所示。

圆锥销的两销孔也应同时钻铰，但必须控制好孔径大小。一般用试装法测定，即能用手将圆锥销塞入孔内 80% 左右为宜。装配时用铜锤打入。圆锥销的大端可稍露出或平于被连接件表面，小端应平于或缩进被连接件表面。

4．轴承的装配

（1）滑动轴承的装配　滑动轴承装配技术要求与装配要点见表 4-9。

表 4-9　滑动轴承装配技术要求与装配要点

项目	说　　明		
技术要求	滑动轴承装配的主要技术要求是：轴颈与轴承配合表面达到规定的单位面积接触点数；配合间隙符合规定要求，以保证工作时得到良好的润滑；润滑油道畅通，孔口位置正确 普通向心滑动轴承有整体式和剖分式。整体式结构简单，轴套与轴承座采用过盈配合连接，轴套内孔分为光滑圆柱孔和带油槽圆柱孔两种，轴套与轴颈之间的间隙不能调整，机构安装和拆卸时必须沿轴向移动轴或轴承，很不方便。剖分式轴瓦与轴颈之间的间隙可以调整，安装简单，维修方便		

项目		说　　明
装配要点	整体式	①轴套压装前，应清洁配合表面并涂润滑油。有油孔的轴套压装前应与轴承座上的油孔周向对齐，带凸肩的轴套压入轴承座后应与座孔端面平齐 ②根据尺寸和过盈量大小采用压装法、加热法或冷装法 　　压装轴套可用锤子敲入或用压力机压入，但均应注意防止轴套歪斜。常用的压装方法有三种，如图 4-16 所示 　　使用衬垫压入是在轴套上垫以衬垫，用锤子直接将其敲入轴承座。衬垫的作用主要是避免击伤轴套。这种方法简单，但容易发生轴套歪斜。使用导向套压入是在使用衬垫的同时采用导向套，由导向套控制压入方向，防止轴套歪斜。使用专用心轴导向，主要用于薄壁轴套的压装。轴承装入后还要定位，当钻骑缝螺纹底孔时，应使用钻模板，否则钻头会向硬度较低的轴承方向偏移 ③轴套压入后，其内孔容易发生变形（尺寸变小，圆度、圆柱度误差增大等），此外箱体两端的轴承座孔同轴度误差也会增大。因此，应检查轴套与轴颈的配合情况，并根据轴套与轴颈之间规定的间隙和单位面积接触点数的要求进行修正，直至达到规定要求。轴套孔壁修正常采用铰孔、刮削或滚压等方法
	剖分式	剖分式滑动轴承（见图 4-17）主要用在重载大中型机器上，其材料主要为巴氏合金，少数情况下采用铜基轴承合金。在装配时，一般都采用刮削的方法来满足其精度要求 ①轴瓦与轴承座和轴承盖的接触要求：受力轴瓦的瓦背与轴承座接触面积应大于 70%，其接触角应大于 150°；不受力轴瓦与轴承盖的接触面积应大于 60%，接触角应大于 120°。两者的接触面积分布要均匀 ②如达不到上述要求，应以轴承座与轴承盖为基准，涂以红丹粉检查接触情况，用细锉锉削瓦背进行修研，接触点数达到 3～4 点 /（25mm×25mm）即可 ③轴瓦与轴承座、轴承盖装配时，两半轴瓦合缝处垫片应与瓦口面的形状相同，其宽度应小于轴承内侧尺寸 1mm，垫片应平整无棱刺，瓦口两端垫片厚度应一致。轴承座、轴承盖的连接螺栓应紧固且受力均匀。所有零件应清洗干净 ④上、下轴瓦的接合面接触要良好。无论在加工过程中或装配组合时，均需用 0.05mm 塞尺从外侧塞入检查，其塞入深度不得大于接合面宽度的 1/3，否则应进行配研 ⑤同组加工的上、下轴瓦，应按加工时所做标记装在同一轴承座孔内。上、下轴瓦两端方向应同组合加工时一致 ⑥内孔刮研后，应保证装入轴瓦中零件的平行度、直线度、中心距等达到图样要求，且与相关轴颈接触良好 ⑦要在上、下轴瓦接触角以外的部分刮出楔，楔形尺寸在瓦口处最大，逐渐过渡到零 ⑧上、下轴瓦刮研后，装入瓦口垫片组，轴瓦内径与轴颈的间隙应符合图样要求，达到间隙配合公差中间值或接近上限值

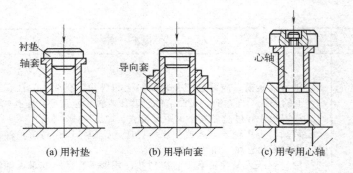

(a) 用衬垫   (b) 用导向套   (c) 用专用心轴

图 4-16　压装轴套的方法

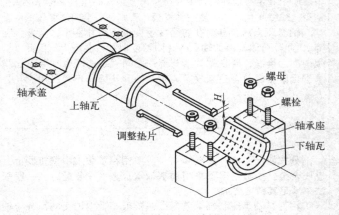

图 4-17　剖分式滑动轴承结构

（2）滚动轴承的装配　滚动轴承装配注意事项如下。

① 轴承必须选配。每组轴承的内径差、外径差均应在 0.002～0.003mm，并应与箱体孔保持 0.004～0.008mm、与轴颈保持 0.0025～0.005mm 的间隙。在实际安装中，应以双手拇指将轴承能刚刚推入的配合为好。

② 轴承座孔和轴颈的圆度、箱体孔两端的同轴度以及轴颈的径向圆跳动不应超过 0.003mm。

③ 与轴承套圈端面接触的零件端面应涂色检查，接触面积不得低于 80%。

④ 必须定向安装，即将全部轴承内圈径向圆跳动的最高点对准轴颈径向圆跳动的最低点，轴承外圈径向圆跳动的最高点装在壳体孔内时要成一直线。

⑤ 安装时不允许在轴承上钻孔、刻槽、倒角、车端面。

⑥ 安装时不允许用手锤直接敲打轴承套圈。轴承的基准面朝内紧靠轴肩安装（深沟球轴承、调心球轴承、圆柱滚子轴承、调心滚子轴承和滚针轴承的无字端面是基准面；角接触球轴承和圆锥滚子轴承的有字端面是基准面）。

⑦ 安装时压力应加在有安装过盈的套圈端面上（装在轴上时，压力应加在轴承内圈端面上；装入轴承座孔内时，压力应加在轴承外圈端面上）。不允许通过滚动体和保持架传递压力。

⑧安装内圈为紧配合、外圈为较松配合的轴承时，对不可分离型者，应先将轴承装于轴上，再将轴连同轴承一起装入轴承座孔内，对可分离型者，内、外圈可分别单独安装。

⑨ 安装时轴和轴承孔的中心线必须重合。如因安装不正需重新安装时，必须通过内圈端面将轴承拉出。

滚动轴承装配方法见表 4-10。

表 4-10　滚动轴承装配方法

方法	说　明
锤击法	当轴承内圈为紧配合、外圈为较松配合时，将铜棒紧贴轴承内圈端面，用锤直接敲击铜棒，将轴承慢慢装到轴上，轴承内圈较大时，可沿轴承内圈端面均匀敲击；当轴承外圈为紧配合、内圈为较松配合时，可用手锤敲击紧贴轴承外圈端面的铜棒，把轴承装入轴承座中，最后装到轴上
套筒法	将软金属套筒直接压在轴承套圈端面上（轴承装在轴上时压住内圈端面，装在箱体孔内时压住外圈端面），手锤敲击力要均匀地分布在整个轴承套圈端面上，最好能与压力机配合使用。轴承安装在轴上时，套筒内径应略大于轴颈 $1 \sim 4$mm，外径略小于轴承内圈挡边直径，或以套筒厚度为准，其厚度应制成等于轴承内圈厚度的 $2/3 \sim 4/5$，且套筒两端应平整并与筒身垂直。轴承安装在座孔内时，套筒外径应略小于轴承外径 如机件不大，可置于台虎钳上安装（钳口垫以铜片或铝片）。如机件较大，应放在木架上安装。先将轴承放到轴上，再安装套筒，用手锤均匀敲击套筒慢慢装合。若轴承的内、外圈与轴和轴承座孔均为紧配合，可将套筒的一端端面制成双环，或用单环套筒下加圆盘安装轴承。安装时，将双环套筒或圆盘紧贴轴承内、外圈端面，用压力机加压或手锤敲击，把轴承压到轴上和轴承座孔中（这种安装方法仅适用于安装保持架不凸出套圈端面的轴承）
压入法	此法适用于过盈量较大的轴承，用杠杆压力机、螺旋压力机或用液压机安装。应注意使机杆中心线与套筒和轴承的中心线重合，保证所加压力位于中心
温差法	可将轴承加热至 $80 \sim 90$℃，用铜棒、套筒和手锤安装。当油温达到规定温度，应迅速将轴承从油液中取出，趁热装于轴上。必要时，可用安装工具在轴承内圈端面上稍加压力。轴承装于轴上后，必须立即压住内圈，直到冷却为止。此法适用于精密部件以及过盈量大、批量大的轴承装配

轴承安装后的检验见表 4-11。

表4-11 轴承安装后的检验

项目	说明
安装位置	首先检验运转零件与固定零件是否相碰，润滑油能否畅通地流入轴承，密封装置与轴向紧固装置安装是否正确
径向游隙	除安装带预过盈的轴承外，都应检验径向游隙。深沟球轴承可用手转动检验，以平稳灵活、无振动、无左右摆动为好。圆柱滚子轴承和调心滚子轴承可用塞尺检验，塞尺插入深度应大于滚子长度的1/2。无法用塞尺测量时，可测量轴承轴向移动量，来代替径向游隙减小量。通常情况下，如轴承内圈为圆锥孔，则在圆锥面上的轴向移动量大约是径向游隙减小量的15倍 角接触球轴承、圆锥滚子轴承安装后的径向游隙不合格是可以调整的；而深沟球轴承、调心球轴承、圆柱滚子轴承、调心滚子轴承等在制造时已按标准规定调好，安装后不合格则不能再调整，若径向游隙太小，则说明轴承的配合选择不当，或装配部位加工不正确。此时必须将轴承卸下，查明原因，消除故障后重新安装。当然轴承游隙太大也不可以
紧密程度	过盈安装的轴承必须靠紧轴肩。可用灯光或塞尺检验。如果轴承以过盈配合安装在轴承座孔内，轴承外圈被壳体孔挡肩固定时，其外圈端面与壳体孔挡肩端面是否靠紧，也可用塞尺检验
轴圈和座圈	千分表固定于箱体端面，表头顶在推力轴承轴圈滚道上，边转动轴承，边观察千分表指针，若指针偏摆，说明轴圈和轴中心线不垂直。箱体孔较深时，也可用加长的表头检验 推力轴承安装正确时，其座圈能自动适应滚动体的滚动。由于轴圈与座圈的区别不很明显，装配中应避免搞错。此外，推力轴承的座圈与轴承座孔之间还应留有 0.2～0.5mm 的间隙，用以补偿零件加工、安装不精确造成的误差，当运转中轴承套圈中心偏移时，可确保此间隙能自动调整，避免碰触摩擦，正常运转
试运转（试车）	试运转（试车）过程中要检验轴承的噪声、温升、振动是否符合要求。一般轴承工作温度应低于 90℃

5. 带传动机构的装配

带传动是常用的一种机械传动，它是依靠张紧在带轮上的带（或称传动带）与带轮之间的摩擦力或通过啮合来传递运动和动力的。与齿轮传动相比，带传动具有工作平稳、噪声小、结构简单、不需要润滑、缓冲吸振、制造容易以及能过载保护，并能适应两轴中心距较大的传动等优点，因此得到了广泛应用。其缺点是传动比不准确，传动效率低，带的寿命短。

如图4-18所示，根据带的截面形状不同，带传动可分为V带传动、平带传动、同步带传动等。V带传动是以一条或数条V带和V带轮组成的摩擦传动。V带安装在相应轮槽内，以其两侧面与轮槽接触，而不与槽底接触。在同样初拉力的作用下，其摩擦力是平带传动的3倍左右，因此V带传动的应用比平带传动广泛。同步带传动的特点是传动能力强，不打滑，能保证同步运转，但成本较高。这里主要介绍V带传动的装配工艺。

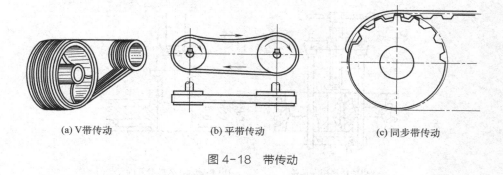

(a) V带传动　　　　　　　(b) 平带传动　　　　　　　(c) 同步带传动

图 4-18　带传动

带轮孔和轴的连接一般采用过渡配合,这种配合有少量过盈,对同轴度要求较高。为了传递较大的转矩,需用键和紧固件等进行周向固定和轴向固定,图 4-19 所示为带轮与轴的几种连接方式。

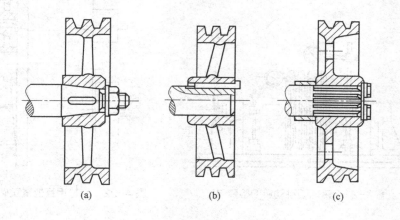

(a)　　　　　　　　(b)　　　　　　　　(c)

图 4-19　带轮与轴的连接方式

安装带轮前,必须按轴和轮毂孔的键槽来修配键,然后清理安装面并涂上润滑油。把带轮装在轴上时,通常采用木锤锤击,螺旋压力机或油压机压装。由于带轮通常用铸铁制造,故当锤击装配时,应避免锤击轮缘,锤击点尽量靠近轴心。带轮的装拆也可用图 4-20(a)所示的顶拔器。对于在轴上空转的带轮,先在压力机上将轴套或滚动轴承压入轮毂孔中,如图 4-20(b)所示,然后再将带轮装到轴上。

由于带轮的拆卸比装入困难些,故在装配过程中,应注意测量带轮在轴上安装位置的正确性(见图 4-21),即用划针盘或百分表检查带轮的径向和端面圆跳动量。并且还要经常用平尺或采用拉线法测量两带轮相互位置的正确性(见图 4-22),以免返工。

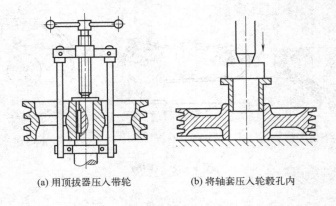

(a) 用顶拔器压入带轮   (b) 将轴套压入轮毂孔内

图 4-20 用压紧法装配带轮

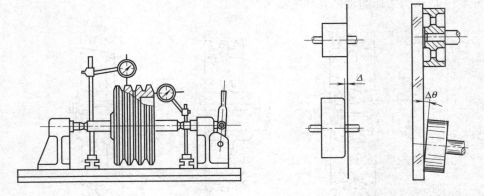

图 4-21 带轮圆跳动量的检查   图 4-22 带轮相互位置正确性的检查

　　装配 V 带时，首先将两带轮的中心距调小，然后将 V 带先套在小带轮上，再将 V 带旋进大带轮（不要用带有刃口锋利的金属工具硬性将 V 带拨入轮槽，以免损伤带）。装好的 V 带不应陷入槽底或凸在轮槽外。带不宜在阳光下暴晒，特别要防止矿物质、酸、碱等与带接触，以免使其变质。

　　在带传动机构中，都有调整张紧力的张紧装置（见图 4-23）。在调整张紧力时，可在带与带轮的切边中点处加一个垂直于带边的载荷（一般可用弹簧秤挂上重物），通过测量带产生的下垂度（挠度）来判断实际的张紧力是否符合要求。应当注意的是，传动带工作一段时间后，会产生永久性变形，从而使张紧力降低。为此在安装新带时，最初的张紧力应为正常张紧力的 1.5 倍，这样才能保证传递所要求的功率。

6. 链传动机构的装配

　　如图 4-24 所示，链传动是以链条为中间挠性件的啮合传动。它由装在平行轴上的主、从动链轮和绕在链轮上的链条组成，并通过链条和链轮的啮合来传递运动和动力。链传动既能保证准确的平均传动比，又能满足远距离传动要求，特别适合在温度变化大和灰尘较多的地方工作。链传动机构的装配技术要求见表 4-12。

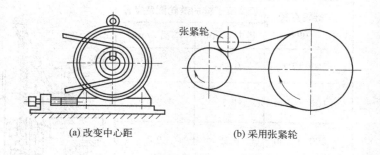

(a) 改变中心距　　　　　　　　(b) 采用张紧轮

图 4-23　张紧力调整

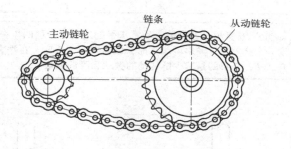

图 4-24　链传动

表 4-12　链传动机构的装配技术要求

项目	说　　明
链轮轴线的平行度	两轴线不平行将加剧链条和链轮的磨损，降低传动平稳性并使噪声增加。如图 4-25 所示，通过测量 A、B 两尺寸来检查两轴线的平行度误差
链轮之间的轴向偏移量	偏移量 a 根据中心距大小而定，一般当中心距在 500mm 以下时允许偏移量为 1mm；当中心距在 500mm 以上时允许偏移量为 2mm。检查可用直尺法（见图 4-25），在中心距较大时采用拉线法

项目	说　明
链轮的 圆跳动量	链轮在轴上固定后，圆跳动量必须符合要求，对于精确的链传动，链轮的径向圆跳动量要求可高些。链轮圆跳动量可用划针盘或百分表进行检查，链轮的允许圆跳动量如下：
链条的下垂度	如图 4-26 所示，如果链传动是水平的或稍微倾斜的（在 45°以内），可取下垂度 f 等于 2%L；倾斜度增大时，就要减小下垂度，在垂直传动中应小于或等于 0.2%L，其目的是减少链传动的振动和脱链现象

链轮直径 /mm	套筒滚子链的链轮圆跳动量	
	径向 δ/mm	端面 a/mm
100 以下	0.25	0.3
100 ～ 200	0.5	0.5
200 ～ 300	0.75	0.8
300 ～ 400	1.0	1.0
400 以上	1.2	1.5

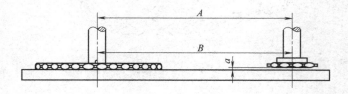

图 4-25　链轮两轴线平行度和轴向偏移的检查

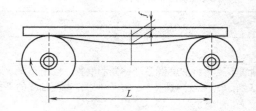

图 4-26　链条的下垂度检查

链轮的装配方法与带轮的装配方法基本相同。链轮在轴上的固定方法：用键连接后再用紧定螺钉固定［见图 4-27（a）］；用圆锥销连接［见图 4-27（b）］。

套筒滚子链是常用的传动链，其接头形式如图 4-28 所示。除了链条的接头链

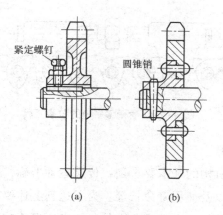

紧定螺钉

圆锥销

(a)　　　　　　(b)

图 4-27　链轮的固定方式

节外，各链节都是不可分离的。链条的长度用链节数表示，为了使链条连成环形时，正好是外链板与内链板相连接，所以链节数最好为偶数。接头链节有两种形式。当链节数为偶数时，采用连接链节，其形状与外链节［见图 4-28（a）］一样，只是链节一侧的外链板与销轴为间隙配合，连接处可用弹簧锁片或开口销等止锁件固定［见图 4-28（b）、（c）］。一般前者用于小节距，后者用于大节距。用弹簧锁片时，必须使其开口端的方向与链的运动方向相反，以免运动中受到碰撞而脱落。当链节数为奇数时，可采用过渡链节［见图 4-28（d）］。过渡链节的链板受拉力时有附加弯矩的作用，强度仅为通常链节的 80% 左右，因此应尽量避免使用奇数链节。但这种过渡链节的柔性较好，具有缓和冲击和吸收振动的作用。

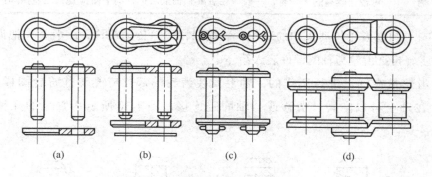

(a)　　　　　　(b)　　　　　　(c)　　　　　　(d)

图 4-28　套筒滚子链的接头形式

对于链条两端的接合，如果结构上允许在链轮装好后再装链条（例如两轴中心距可调节且链轮在轴端时），则链条的接头可预先进行连接；如果结构不允许链条预先将接头连接好时，则必须在套到链轮上以后再进行连接，此时需采用专用的拉紧工具，如图 4-29 所示。

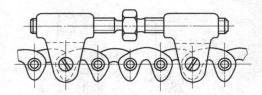

图 4-29　套筒滚子链的拉紧工具

7. 齿轮传动机构的装配

对各种齿轮传动机构的基本要求是：传递运动准确，传动平稳，冲击振动和噪声小，承载能力强以及使用寿命长等。为了达到上述要求，除齿轮和箱体、轴等必须分别达到规定的尺寸和技术要求外，还必须保证装配质量。齿轮传动机构的装配技术要求见表 4-13。

表 4-13　齿轮传动机构的装配技术要求

项目	说　　　明
配合	齿轮孔与轴的配合要满足使用要求。例如，对固定齿轮不得有偏心和歪斜现象；对滑移齿轮不应有咬死或阻滞现象；对空套在轴上的齿轮不得有晃动现象
中心距和侧隙	保证齿轮有准确的安装中心距和适当的侧隙。侧隙过小，齿轮传动不灵活，热胀时会卡齿，从而加剧齿面磨损；侧隙过大，换向时空行程大，易产生冲击和振动
齿面接触精度	保证齿面有一定的接触斑点和正确的接触位置，这两者是有联系的，接触位置不正确同时也反映了两啮合齿轮的相互位置误差
齿轮定位	变换机构应保证齿轮准确的定位，其错位量不得超过规定值
平衡	对转速较高的大齿轮，一般应在装配到轴上后进行动平衡检查，以免振动过大

（1）圆柱齿轮传动机构的装配　装配圆柱齿轮传动机构，一般是先把齿轮装在轴上，再把齿轮与轴的部件装入箱体中。

齿轮是在轴上进行工作的，轴上安装齿轮的部位应光洁并符合图样要求。齿轮在轴上可以空转、滑移或与轴固定连接，图 4-30 所示为常见的几种装配方式。

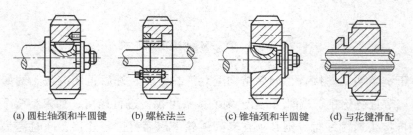

(a) 圆柱轴颈和半圆键　　(b) 螺栓法兰　　(c) 锥轴颈和半圆键　　(d) 与花键滑配

图 4-30　齿轮在轴上的装配方式

在轴上空转或滑移的齿轮，与轴为间隙配合，装配后的精度主要取决于零件本身的加工精度，这类齿轮的装配比较简单。装配后，齿轮在轴上不得有晃动现象。在轴上固定的齿轮，通常与轴有少量的过盈（多数为过渡配合），装配时需加一定外力。压装时，要避免齿轮歪斜和产生变形。若配合的过盈量不大，可用手工工具敲击压装，过盈量较大的，可用压力机压装。在轴上安装的齿轮，常见的装配缺陷是齿轮的偏心、歪斜和端面未靠紧轴肩，如图4-31所示。

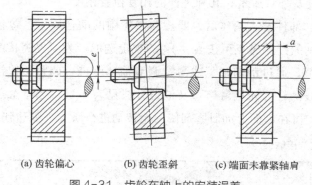

(a) 齿轮偏心　　　(b) 齿轮歪斜　　　(c) 端面未靠紧轴肩

图 4-31　齿轮在轴上的安装误差

精度要求高的齿轮传动机构，在压装后需要检验其径向圆跳动和端面圆跳动误差。测量径向圆跳动误差的方法如图4-32所示。将装有齿轮的轴支在V形架或两顶尖上，使轴和平板平行，把圆柱规放在齿轮的轮齿间，将百分表测头抵在圆柱规上，从百分表上得出一个读数。然后转动齿轮，每隔3～4个轮齿重复进行一次测量，百分表最大读数与最小读数之差就是齿轮分度圆上的径向圆跳动误差。检查端面圆跳动误差，可以用顶尖将轴顶在中间，使百分表测头抵在齿轮端面上，如图4-33所示。在齿轮轴旋转一周的范围内，百分表的最大读数与最小读数之差为齿轮端面圆跳动误差。

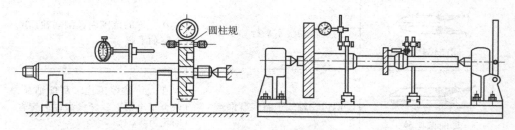

圆柱规

图 4-32　齿轮径向圆跳动误差的检查　　　图 4-33　齿轮端面圆跳动误差的检查

安装在非剖分式箱体内的传动齿轮，将齿轮先装在轴上后，不便或不能装入箱体中时，齿轮与轴的装配是在装入箱体的过程中进行的，装配方法与上面的类似。齿轮与轴为锥面接合时，常用于定心精度较高的场合。装配前，用涂色法检查内、外锥面的接触情况，贴合不良的可用三角刮刀进行修正。装配后，轴端与齿轮端面应有一定的间隙。

将齿轮与轴的部件装入箱体，是一个极为重要的工序，装配的方式应根据轴在箱体中的结构特点而定。为了保证质量，装配前应检验箱体的主要部位是否达到规定的技术要求。检验内容主要有：孔和平面的尺寸精度及形状精度；孔和平面的表面粗糙度及外观质量；孔和平面的相互位置精度。

齿轮与轴的部件装入箱体后，要检验齿轮副的啮合质量，包括接触斑点和侧隙。一般齿轮副的接触斑点可按表4-14的规定选取。为了提高接触精度，通常以轴承为调整环节，通过刮削轴瓦或微量调节轴承座进行调整，使接触精度达到规定要求。渐开线圆柱齿轮接触斑点及调整方法见表4-15。当接触斑点的位置正确但面积太小时，可在齿面上加研磨剂使两轮转动进行研磨，以达到接触斑点要求。

表4-14 齿轮副的接触斑点　　　　　　　　　　　　　　　　　　　　　　　　%

项目	精度等级											
	1	2	3	4	5	6	7	8	9	10	11	12
按高度不少于	65	65	65	60	55	50	45	40	30	25	20	15
按长度不少于	95	95	95	90	80	70	60	50	40	30	30	30

表4-15 渐开线圆柱齿轮接触斑点及调整方法

接触斑点	原因分析	调整方法
正常接触	—	—
同向偏接触	两齿轮轴线不平行	在允许的范围内，刮削轴瓦或调整轴承座
异向偏接触	两齿轮轴线歪斜或有偏差	在允许的范围内，刮削轴瓦，调整轴承座，或修整有齿向偏差的轮齿
单面偏接触	两齿轮轴线不平行，并同时歪斜	在允许的范围内，修刮轴瓦或调整轴承座

98

接触斑点	原因分析	调整方法
接触区由一边逐渐地移至另一边，周期为大齿轮或小齿轮齿数	大齿轮或小齿轮基准面与回转中心线不垂直	在允许的范围内，修整有偏差的齿轮齿面
齿顶接触	齿轮轴线中心距大，或齿轮加工存在原始齿形位移偏差（铣齿偏深），或齿轮毛坯顶圆直径偏小	在可能的情况下，调整齿轮轴线，减小中心距，或修整齿顶
齿根接触	齿轮轴线中心距小，或齿轮加工存在原始齿形位移偏差（铣齿偏浅），或齿轮毛坯顶圆直径偏大	在可能的情况下，调整齿轮轴线，加大中心距，或修整齿面
接触区由齿顶逐渐移向齿根，周期为大齿轮或小齿轮齿数	齿轮径向圆跳动超差	在允许的范围内，修整有偏差的齿轮齿面
不规则接触（有时齿面点接触，有时在端面边线上接触）	齿面有毛刺或有碰伤隆起	去除毛刺，修整
个别齿接触不好	齿面有毛刺、碰伤、隆起或个别齿加工有偏差	去除毛刺，修整有碰伤或有偏差的轮齿

　　测量齿轮副侧隙的方法有两种：用熔丝检验，如图 4-34（a）所示，在齿面两端沿齿宽并垂直于齿宽方向，放置两条熔丝，宽齿放 3～4 条，熔丝的直径不宜大于齿轮副规定的最小极限侧隙的 4 倍，经滚动齿轮挤压后，测量熔丝最薄处的厚度，即为齿轮副的侧隙；用百分表检验，检验小模数齿轮副的侧隙时，可采用图 4-34（b）所示的装置，检验时将一个齿轮固定，在另一个齿轮上装上夹紧杆，然后倒顺转动与百分表测头相接触的齿轮，得到表针摆动的读数 C，根据分度圆半径 R 及测量点的中心距 L，可求出侧隙 $j_n=CR/L$。

　　齿轮副侧隙能否符合要求，在排除齿轮加工因素外，与中心距误差密切相关。侧隙同时也会影响接触精度，因此一般要与接触精度结合起来调整中心距，使侧隙符合要求。

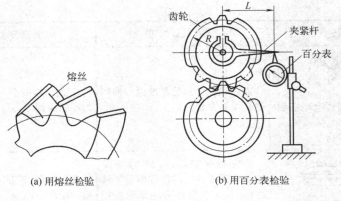

(a) 用熔丝检验   (b) 用百分表检验

图 4-34   测量齿轮副侧隙的方法

（2）圆锥齿轮传动机构的装配   装配圆锥齿轮传动机构的顺序与装配圆柱齿轮传动机构相似，圆锥齿轮在轴上的安装方法与圆柱齿轮大同小异，但圆锥齿轮是传递两垂直轴之间的运动的，故在箱体检验、两齿轮轴向定位和啮合质量的检查与调整等方面，有不同的特点。

① 箱体检验：主要是检验两孔轴线的垂直度误差。可分两种情况：第一种，轴线在同一平面内垂直相交的两孔垂直度误差可按图 4-35（a）所示的方法检验。将百分表装在芯棒 2 上，为了防止芯棒轴向窜动，芯棒上应加定位套，旋转芯棒 2，在 0°和 180°的两个位置上百分表的读数差，即为两孔在 L 长度内的垂直度误差。如图 4-35（b）所示，将芯棒 2 的测量端制出叉形槽，芯棒 1 的测量端按垂直度公差制出通端与止端。检验时，若通端能通过叉形槽而止端不能通过，则垂直度合格，否则即为超差。轴线不在同一平面内，相互垂直但不相交的两孔垂直度误差可用图 4-35（c）所示的方法检验。箱体用四个千斤顶支承在平板上，用 90°角尺找正，将芯棒 2 调整至垂直位置，此时芯棒 1 对平板的平行度误差，即为两孔轴线的垂直度误差。

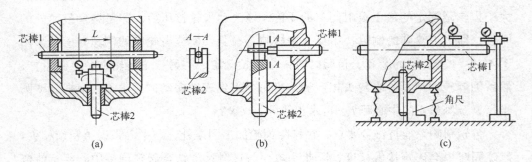

(a)   (b)   (c)

图 4-35   垂直两孔轴线的检验

② 两齿轮轴向定位：当一对圆锥齿轮啮合传动时，必须使两齿轮分度圆锥相切，两锥顶重合，装配时以此来确定小齿轮的轴向位置。这个位置是以安装距离 x〔小齿轮基准面至大齿轮轴的距离，见图 4-36（a）〕来确定的。若小齿轮轴线与大齿轮轴线不相交时，小齿轮的轴向定位同样以安装距离为依据，用专用量规测量〔见图 4-36（b）〕。若大齿轮尚未装好，则可用工艺轴代替，然后按侧隙要求决定大齿轮的轴向位置。

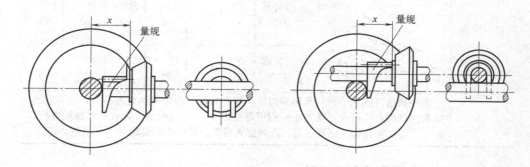

(a) 小齿轮安装距离的测量　　　　　　　　(b) 小齿轮偏置时安装距离的测量

图 4-36　小齿轮轴向定位

用背锥面作基准的锥齿轮，装配时将背锥面对齐，用来保证两齿轮正确的装配位置。也可以使两个齿轮沿着各自的轴线方向移动，一直移到其假想锥体顶点重合为止。轴向位置调整好后，通常用调整垫圈厚度的方法，将齿轮的位置固定。

③ 啮合质量的检查与调整：包括侧隙和接触斑点两方面，具体见表 4-16。

表 4-16　圆锥齿轮啮合质量的检查与调整

项目	说　明
侧隙	圆锥齿轮侧隙的检验方法与圆柱齿轮基本相同，也可用百分表测定。测定时，齿轮副按规定的位置装好，固定其中一个齿轮，测量非工作齿面间的最短距离（以齿宽中点处计量），即为法向侧隙。直齿圆锥齿轮轴向调整量与侧隙的近似关系为$$j_\mathrm{n}=2x\sin\alpha\sin\delta$$式中，α 为齿形角，（°）；δ 为节锥角，（°）；x 为齿轮轴向调整量，mm
接触斑点	用涂色法检查圆锥齿轮接触斑点时，与圆柱齿轮的检查方法相似，将显示剂涂在主动齿轮上，来回转动，根据从动齿轮齿面上的斑点形状、位置和大小来判断啮合质量。一般对齿面修形的齿轮，在齿面大端、小端和齿顶边缘处，不允许出现接触斑点。斑点大小与齿轮的精度等级有关，对于工作载荷较大的圆锥齿轮副，应满足：轻载时，斑点略偏向小端；重载时，斑点从小端移向大端，且斑点的宽度和高度均增大，以免大端区应力集中

项目	说　明						

接触斑点的图例与精度等级说明：

图　例	痕迹方向	痕迹百分比确定	精　度　等　级			
			4～5	6～7	8～9	10～12
	沿齿宽方向	$\dfrac{b''}{b'} \times 100\%$	60～80	50～70	35～65	25～55
	沿齿高方向	$\dfrac{h''}{h'} \times 100\%$	65～85	55～75	40～70	30～60

接触斑点栏目说明：

　　表中数值范围用于齿面修形的齿轮。对于非修形齿轮接触斑点不小于其平均值。如果接触斑点不符合上述要求，则可参照表 4-17 分析原因，再有针对性地进行调整。一般在测量达不到要求时，先调整大齿轮，仍达不到要求时，可调整小齿轮

表 4-17　圆锥齿轮接触斑点及其调整方法

接触斑点	齿轮种类	现象及原因	调整方法
 正常接触(中部偏小端接触)	直齿及其他圆锥齿轮	在轻载下，接触区在齿宽中部，略宽于齿宽的一半，稍近于小端，在小齿轮齿面上较高，在大齿轮齿面上较低，但都不到齿顶	—
 低接触 高接触 高低接触	直齿圆锥齿轮	小齿轮接触区太高，大齿轮接触区太低（见左图），由于小齿轮轴向定位有误差	小齿轮沿轴向移出，如侧隙过大，则将大齿轮沿轴向移进
		小齿轮接触区太低，大齿轮接触区太高，原因同上，但误差方向相反	小齿轮沿轴向移进，如侧隙过小，则将大齿轮沿轴向移出
		在同一齿的一侧接触区高，另一侧低，如小齿轮定位正确且侧隙正常，则为加工不良所致	无法调整，需调换零件。若只作单向传动，可按前述方法调整，可考虑另一齿侧的接触情况

接触斑点	齿轮种类	现象及原因	调整方法
小端接触 同向偏接触	直齿圆锥齿轮	两齿轮的齿侧同在小端接触（见左图），由于轴线交角太大	不能用一般方法调整，必要时修刮轴瓦
		两齿轮的齿侧同在大端接触，由于轴线交角太小	
大端接触 小端接触 异向偏接触	直齿圆锥齿轮	大、小齿轮在齿的一侧接触于大端，另一侧接触于小端，由于两轴心线有偏移	应检查零件加工误差，必要时修刮轴瓦

　　一般动力传动齿轮副，不要求有很高的运动精度及工作平稳性，但要求有较高的接触精度和较小的噪声。若加工后达不到接触精度要求时，可在装配后进行跑合。齿轮传动机构装配后的跑合见表 4-18。齿轮副跑合后，必须进行彻底清洗。

表 4-18　齿轮传动机构装配后的跑合

项目	说　　明
加载跑合	在齿轮副的输出轴上加一力矩，使齿轮接触表面互相磨合（需要时加磨料），以增大接触面积，改善啮合质量
电火花跑合	在接触区内通过脉冲放电，把先接触部分的金属去掉，使接触面积扩大，直至达到要求为止，此法比加载跑合省时

第四章

机械零部件的拆装

第五章

典型机械设备的故障诊断与
维修

第一节　普通机床类设备的维修

一、车床的修理

1. 车床导轨副的修理

在车床修理中，修复导轨副的配合精度是其主要工作之一。床身导轨精度的修复，目前广泛采用磨削加工，而与其配合的床鞍导轨，则采用配刮工艺。由于床身导轨经磨削与床鞍导轨配刮后，将使溜板箱下沉，引起其与进给箱、支架之间的装配位置，以及溜板箱齿轮与床身齿条的啮合位置发生变化。为此，在修理中常采用如下方法来恢复其原有的基准位置精度。

（1）在床鞍导轨上粘接塑料板（聚四氟乙烯薄板）　其工艺方法如下。

① 首先将床鞍导轨与床身导轨配刮好，其接触点数达到 6～8 点/（25mm×25mm），然后测出丝杠两支承孔和开合螺母轴线对床身导轨的等距误差值。

② 在床鞍导轨的粘接表面刨出装配槽（槽深尺寸加上等距误差值，粘接板料的厚度在 1.5～2.5mm 为宜），并在适当的均布位置分别钻、攻工艺螺孔，便于用埋头螺钉将塑料薄板与床鞍导轨进行辅助紧固。

③ 用丙酮清洗粘接表面，粘接时再用丙酮润湿，待其完全挥发后，将聚氨酯胶黏剂涂在被粘接表面上，涂层厚度以 0.2mm 左右为宜。

④ 将两个被粘接件连接，装好固定螺钉，然后用橡胶滚轮或木棒往复滚压粘接薄板表面，以彻底排除空气。待加压固化后，检验其与床身导轨的配合情况，接触面积要求大于或等于 70%，而且在两端接触良好。如达不到要求，可用细砂布（或金相砂纸）修整粘接板料表面至符合要求。

（2）修配床鞍的溜板箱安装面　在配刮好床鞍导轨后，可根据床身导轨和床鞍导轨的磨损修整量，即床鞍的总下沉量，用刨削的方法刨去床鞍的溜板箱安装面，使溜板箱的安装位置得到向上补偿。以后再以溜板箱中开合螺母轴线与床身导轨的距离为基准，分别调整进给箱和支架位置的高低，来取得与导轨等距的最终精度。由于其调整量很小，对原有的定位销孔只要进行适当的放大修铰即可。

2. 主轴与尾座套筒的修理

（1）主轴的修理　车床主轴的精度对车床加工精度有着直接的关系。在机床使用过程中，主轴的损坏形式一般有锥孔表面的磨损与划伤；轴颈表面的磨损、烧伤或出现裂纹；主轴的弯曲变形等。当主轴锥孔表面有轻微磨损和划伤时，可用莫氏锥度研磨棒进行研磨加以修复。如果锥孔表面有较深的划痕、凹坑等损伤，或锥孔对轴颈的公共轴线有较大的径向圆跳动误差时，则应采用磨削的方法进行修复。对于滚动轴承结构的主轴轴颈，当出现与轴承配合过松时，可对轴颈进行镀铬，然后通过精磨的方法加以修整。一般情况下，主轴不需更换。但当主轴轴颈表面有严重磨损、烧伤、裂纹或者有较大的弯曲变形时，就必须更换新的主轴。

（2）尾座套筒的修理　尾座套筒的损坏形式一般有尾座套筒与尾座座孔配合处的不均匀磨损；尾座套筒锥孔的磨损或划伤。当锥孔表面仅有轻微磨损和划伤时，可直接用铰削和研磨的方法加以修复。当出现座孔配合处有严重磨损时，一般可通过镗、研加工加大尾座座孔尺寸，然后重新配制尾座套筒的方法加以修复。

3. 车床故障与排除

卧式车床常见故障及排除方法见表 5-1。

表 5-1　卧式车床常见故障及排除方法

故障现象	原　　因	排 除 方 法
主轴转速低于标准值	①摩擦离合器过松或摩擦片损坏 ②电机传动带过松或严重磨损	①调整摩擦离合器或更换摩擦片 ②调整传动带松紧程度或更换严重磨损的传动带
停车不及时	①正、反车开关手柄定位螺钉松动或定位压簧损坏 ②制动带调整太松或磨损超限 ③摩擦离合器调整过紧	①拧紧定位螺钉，更换定位压簧 ②重新调整制动带，或更换磨损超限的制动带 ③调松摩擦离合器
停车后主轴有自转现象	①摩擦离合器调整过紧 ②制动器没有调整好	①调松摩擦离合器 ②调整制动器
重切削时主轴转速降低或自动停车	摩擦离合器调整过松	调整摩擦离合器
主轴变速位置移动	变速链条松动	调整链条张紧机构
主轴箱视油窗不见油液	①油箱缺油 ②传动带过松打滑 ③油路堵塞 ④油泵损坏	①加入润滑油至规定位置 ②拉紧传动带 ③清洗疏通油路 ④更换油泵

故障现象	原　因	排除方法
车削时过载，自动进刀停不住；车削时稍一吃力，自动进刀却停住了	安全离合器弹簧调得太紧或太松	调节弹簧
溜板箱不能实现快速移动或快速移动停不住	快速移动电机失控	检修快速电机按钮开关，调整触点位置
溜板箱自动进给手柄容易脱开	溜板箱内脱落蜗杆的压力弹簧调得太松	调节弹簧，注意不能压得太紧
车削工件时产生圆度误差（椭圆及棱圆）	①主轴轴承间隙过大 ②主轴轴颈的圆度超差，主轴轴承磨损	①调整主轴轴承间隙 ②这种情况多见于采用滑动轴承的结构上，需修磨轴颈和刮研轴承
车削工件时产生圆柱度误差（锥度）	①主轴中心线与床鞍导轨平行度超差 ②床身导轨磨损严重 ③尾座轴线与主轴轴线不重合 ④地脚螺栓松动，机床水平变动	①找正车床主轴中心线与床鞍导轨的平行度 ②刮研床身导轨 ③调整尾座两侧的横向螺钉 ④按导轨精度调整垫铁，并紧固地脚螺栓
车外圆时表面上有混乱的波纹（振动）	①主轴滚动轴承的滚道磨损，间隙过大 ②主轴的端面圆跳动太大 ③卡盘连接盘松动，工件夹持不稳 ④床鞍和中、小滑板滑动表面间隙过大 ⑤尾座套筒不稳定，或回转顶尖的滚动轴承滚道磨损，间隙过大	①调整或更换主轴滚动轴承 ②调整主轴推力球轴承的间隙 ③拧紧卡盘连接盘和装夹卡盘的螺钉 ④调整所有导轨副的压板和镶条，使间隙小于 0.04μm，并使移动平稳轻便 ⑤夹紧尾座套筒，更换回转顶尖
精车外圆时表面轴向出现有规律的波纹	①溜板箱的纵向进给小齿轮与齿条啮合不良 ②光杠弯曲，或光杠、丝杠、操纵杠的三孔不同轴，以及与床身导轨不平行	①如波纹之间的距离与齿条的齿距相同，则可认为是由齿轮、齿条啮合不良引起的，可调整齿轮、齿条的间隙，或更换齿轮、齿条 ②如波纹重复出现的规律与光杠回转一周有关，可确定是由光杠弯曲引起的，必须将光杠拆下校直。装配时保证三孔在同一轴线上，使溜板箱在移动时没有轻、重现象

第五章

典型机械设备的故障诊断与维修

故障现象	原　　因	排除方法
精车外圆时表面周向出现有规律的波纹	①主轴上的传动齿轮齿形不良，齿部损坏或啮合不良 ②电机旋转不平衡引起机床振动 ③因带轮等旋转零件振幅太大引起振动 ④主轴间隙过大或过小	①如果波纹的条数与主轴上传动齿轮齿数相同，则可确定是由主轴上传动齿轮的问题所引起的，必须研磨或更换主轴齿轮 ②找正电机转子的平衡，有条件时进行动平衡试验 ③减小带轮等旋转零件的振摆，进行修整车削 ④调整主轴间隙
精车后工件端面平面度超差（中凸或中凹）	①床鞍移动对主轴中心线的平行度超差，主轴中心线向前偏 ②中滑板导轨与主轴中心线垂直度超差	①找正主轴中心线位置 ②刮研中滑板导轨
精车后工件端面圆跳动超差	主轴端面圆跳动超差	调整主轴轴向间隙
车削螺纹时螺距不均及乱牙（小螺距螺纹）	①丝杠的端面圆跳动超差 ②开合螺母磨损，与丝杠不同轴而造成旋合不良或间隙过大，以及因为机床燕尾导轨磨损而造成开合螺母闭合时不稳定 ③由主轴经过交换齿轮而来的传动间隙过大	①调整丝杠的轴向间隙 ②修正开合螺母，并调整开合间隙 ③调整交换齿轮间隙

二、铣床的修理

1. 铣床的调整

（1）主轴轴承间隙的调整　主轴是铣床的主要部件之一，它的精度与工件的加工精度有密切的联系。若主轴轴承间隙太大，则使铣床主轴产生径向或轴向圆跳动，铣削时容易产生振动、铣刀偏让（俗称让刀）等后果，使加工尺寸控制不好；若主轴轴承间隙过小，则会使主轴发热，出现卡死等故障。

X62W 型铣床主轴轴承间隙的调整如图 5-1 所示，调整时先将床身顶部的悬梁移开，拆去悬梁下面的盖板。松开锁紧螺钉 2 后，就可拧动螺母 1，以改变轴承 3 和 4 内圈之间的距离，也就改变了轴承内圈与滚动体及外圈之间的间隙。

轴承的松紧程度取决于铣床的工作性质。一般以 200N 的力推动或拉动主轴，顶在主轴端面的百分表读数在 0.015mm 的范围内变动，再在 1500r/min 的转速下运转 1h，若轴承温度不超过 60℃，则说明轴承间隙合适。

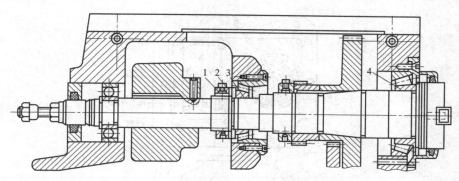

图 5-1　X62W 型铣床主轴轴承间隙的调整

1—螺母；2—锁紧螺钉；3, 4—轴承

（2）立式铣床主轴轴向间隙的调整　调整时先把立铣头上前面的盖板拆下，松开主轴上的锁紧螺钉，转动螺母，再拆下主轴头部的端盖，取下垫片（垫片由两个半圆环构成，以便装卸），根据需要消除间隙的多少，配磨垫片。重装时用较大的力拧紧螺母，使轴承内圈胀开，一直到把垫片压紧为止。再把锁紧螺钉拧紧，以防螺母松开，并装上端盖。

立式铣床主轴的轴向间隙是靠两个角接触球轴承来调节的。在两轴承内圈的距离不变时，只要减薄垫圈，就能减小主轴的轴向间隙。轴承松紧程度的测定方法与 X62W 型铣床主轴轴承一样。

（3）冲动开关的调整　铣床设置冲动开关的目的是保证齿轮在变速时易于啮合。冲动开关接通时间过长，变速时容易造成齿轮撞击声过大或打坏齿轮；接不通时，则齿轮不易啮合。主轴冲动开关接通时间的长短是由螺钉的行程大小来决定的，并且与变通手柄扳动的速度有关。行程过小，接不通；行程过大，接通时间过长。因此，在调整时应特别注意，具体方法如图 5-2 所示。

调整时，先将机床电源断开，拧开按钮盖板，扳动变速手柄，查看冲动开关的接触情况，根据需要拧动螺钉，然后再扳动变速手柄，检查冲动开关接通的可靠性。一般来讲，接通时间短则效果好。调整完后，装好按钮盖板。在变速时，禁止用手柄撞击变速，变速手柄从 A 位置到 B 位置时应快一些，在 B 位置停顿一下，然后将其慢慢推回原处（即 C 位置）。当变速过程中发现齿轮撞击声过大时，应立即停止扳动变速手柄，将机床电源断开，防止齿轮被打坏或其他事故的发生。

（4）工作台的调整

① 回转角度的调整。工作台可在水平面内顺时针和逆时针各旋转 45°。调整时，可用机床附件中相应尺寸的扳手，将调节螺钉（前后各有两个）松开，即可转动工作台。回转角度可由刻度盘上看出，调整到所需的角度后，再将螺钉重新

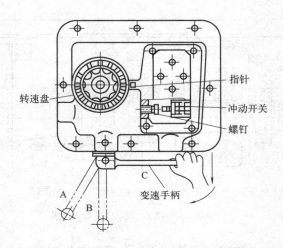

图 5-2　立式铣床主轴冲动开关的调整

拧紧。

　　② 快速机构的调整。机床在三个不同方向的快速移动，是由电磁铁吸合后通过杠杆压紧摩擦片来实现的。快速移动与弹簧的弹力有关，与摩擦片的间隙无关。调整快速机构时，绝对禁止通过调整摩擦片的间隙来增加摩擦片的压力（摩擦片的间隙不得小于 1.5mm）。

　　当快速机构不起作用时，打开升降台右侧的盖板，取下螺母上的开口销，拧动螺母，调整铁芯的行程。

　　（5）丝杠、螺母间隙的调整　工作台手轮从沿某一方向转动到向反方向转动时，中间有一空程存在，空程的大小综合反映了传动丝杠与螺母之间的间隙和丝杠本身安装的轴向间隙。由于存在这两种间隙，当铣削的作用力和进给方向一致，并大于摩擦力时，会使工作台产生窜动，以致损坏刀具和工件，因此必须及时加以调整。调整机构如图 5-3 所示。调整时，先卸去机床正面工作台底座上的盖板 4，拧松固定螺钉 3，使压板 2 松动，顺时针转动蜗杆 1，带动外圆为蜗轮的螺母 5 转动，向固定在工作台底座上的主螺母 6 方向靠近，达到减小间隙的目的。调整好后，拧紧螺钉 3，装上盖板 4。

　　丝杠与螺母之间的配合松紧程度，应达到下面两个要求：手轮正、反转时，空程读数一般为 0.15mm（3 小格）；摇手轮时，丝杠全长上都不应有卡涩现象。

　　（6）丝杠轴向间隙的调整　图 5-4 所示为纵向工作台左端丝杠轴承的结构。调整时，先卸下手轮，拧出锁紧螺母 1，取下刻度盘 2，扳直止退垫圈 4，松开螺母 3，转动螺母 5 就能调节丝杠轴向间隙。间隙调整合适后拧紧螺母 3，保证间隙在 0.01 ～ 0.03mm 范围内。把止退垫圈扣好，然后再将刻度盘、锁紧螺母和手轮等装上。

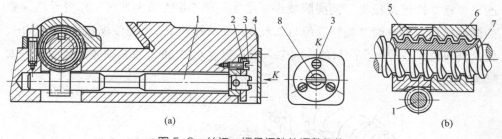

图 5-3 丝杠、螺母间隙的调整机构

1—蜗杆；2—压板；3—固定螺钉；4—盖板；5—蜗轮螺母；6—主螺母；7—丝杠；8—调节螺杆

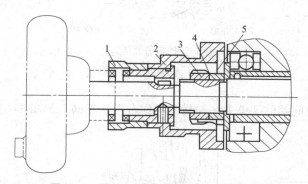

图 5-4 纵向工作台左端丝杠轴承的结构

1—锁紧螺母；2—刻度盘；3，5—螺母；4—止退垫圈

（7）导轨间隙的调整 工作台导轨和楔铁（又称塞铁）使用后会逐渐磨损，使间隙增大，造成铣削时工作台上下跳动和左右摇晃，影响工件的直线性和加工表面的粗糙度，严重时会损坏铣刀，因此需经常进行调整。

图 5-5 所示为横向工作台导轨间隙的调整机构。调整时，拧动调节螺杆 1，就

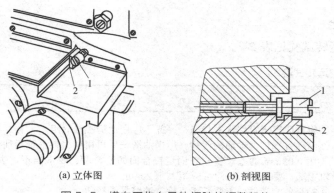

(a) 立体图　　　　　　(b) 剖视图

图 5-5 横向工作台导轨间隙的调整机构

1—调节螺杆；2—楔铁

能把楔铁 2 推进或拉出，使间隙减小或增大。图 5-6 所示为纵向工作台导轨间隙的调整机构。调整时，先松开螺母 2 及 3，拧动螺杆 1，就能使楔铁推进或拉出，以达到间隙减小或增大的目的。间隙一般不超过 0.03mm，手摇时不感到太重、太轻为合适。

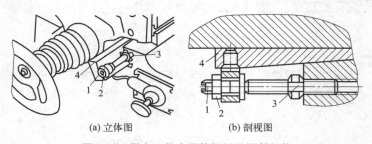

(a) 立体图　　　　(b) 剖视图

图 5-6　纵向工作台导轨间隙的调整机构

1—调节螺杆；2—螺母；3—锁紧螺母；4—楔铁

升降台导轨间隙的调整方法与横向工作台导轨相同，如图 5-7 所示。

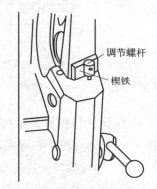

调节螺杆

楔铁

图 5-7　升降台导轨间隙的调整机构

2. 空运转试验

铣床空运转试验见表 5-2。

表 5-2　铣床空运转试验

项目	说　明
准备工作	①将机床置于自然水平状态，一般不应用地脚螺栓固定 ②清除各部件滑动面的污物，用煤油清洗后再用全损耗系统用油润滑 ③用 0.03mm 的塞尺检查各固定接合面的密合度，要求插不进去；检查各滑动导轨端部，塞尺插入的深度应不大于 20mm ④检查各润滑油路安装是否正确，油路是否畅通 ⑤按润滑图表规定的油质、品种及数量，对机床各润滑点进行润滑

项目	说　明
准备工作	⑥手动操纵，在全行程上移动所有可移动的部件，检查移动是否轻松平滑，动作是否正确，定位是否可靠，手轮的作用力是否符合通用技术要求 ⑦检查限位装置是否齐全可靠 ⑧检查电机的旋转方向，如不符合机床标牌上所注明的方向，应予以改正 ⑨在摇动手轮或手柄时，特别是使用机动进给时，工作台各方向的夹紧手柄应松开 ⑩开动机床时，检查手轮、手柄能否自动脱开，避免击伤操作者
试验项目	①空运转自低转速逐级加快至最高转速，每级转速的运转时间不少于2min，在最高转速下的运转时间应不少于30min，主轴轴承达到稳定温度时不得超限 ②启动进给箱电机，纵向、横向及垂向进给，进行逐级运转试验及快速移动试验，各级进给量的运转时间不少于2min，在最高进给量运转至稳定温度时，轴承温度不得超限 ③在所有转速的运转试验中，机床各工作机构应正常，无冲击振动和周期性噪声 ④在机床运转时，润滑系统各润滑点应保证得到连续和足够的润滑油，各轴承盖、油管接头及操纵手柄轴端均不得有漏油现象

3. 铣床故障与排除

万能升降台铣床常见故障及排除方法见表 5-3。

表 5-3　万能升降台铣床常见故障及排除方法

故障现象	原　　因	排除方法
主轴箱内有周期性响声，主轴温升过高	①传动轴弯曲，齿轮啮合不良 ②齿轮打坏 ③主轴轴承润滑不良或轴承间隙过小 ④主轴轴承磨损严重或保持架损坏	①校直或更换传动轴 ②更换损坏齿轮 ③保证充分润滑，调整轴承间隙 ④更换轴承
主轴变速无冲动	①主轴电机冲动控制接触不到位 ②联轴器销折断	①调整螺钉，使冲动控制接触到位 ②更换销
进给变速无冲动	①电机冲动线路故障 ②冲动开关触点调整不当或位置变动	①专业人员维修线路 ②调整冲动开关触点螺钉
主轴变速手柄不灵活	①竖轴与手柄孔咬死 ②齿扇与齿条啮合间隙过小 ③滑动齿轮花键轴拉毛 ④拨叉移动轴弯曲或有毛刺 ⑤凸轮和滚珠拉毛	①拆卸修理，加强润滑 ②调整间隙 ③修光拉毛部位 ④校直竖轴，去除毛刺 ⑤修理凸轮，更换滚珠
进给变速手柄失灵	①定位弹簧折断 ②定位销咬死或折断 ③拨叉磨损	①更换弹簧 ②修理或更换定位销 ③修理或更换拨叉

第五章

典型机械设备的故障诊断与维修

113

故障现象	原　　因	排除方法
机床开动时摩擦片发热冒烟	①摩擦片间隙过小 ②摩擦片烧伤 ③油口堵塞，润滑不良	①调整间隙 ②更换摩擦片 ③清除污物，疏通油路
主轴变速箱或进给变速箱中油泵不上油	①柱塞泵损坏 ②油位过低或吸油管未插入油液中 ③单向阀泄漏 ④润滑油过脏，滤网堵塞	①更换弹簧或柱塞，并研配泵体，间隙不大于 0.03mm ②按规定加足润滑油，并将吸油管插入油液 20～30mm ③研配单向阀，保证密封性 ④清洗滤网和油箱，更换清洁的润滑油
进给箱工作时安全离合器不正常	①锁紧摩擦片用调节螺母定位销松脱 ②离合器套内钢球接触孔严重磨损	①调整并锁紧 ②焊修磨损部位或更换内套
进给箱出现周期性的噪声	①齿面有毛刺 ②电机轴或传动轴弯曲 ③离合器螺母上定位销松动	①检修齿面 ②校直电机轴或传动轴 ③固定松动件
工作台无自动进给	①钢球安全离合器内弹簧疲劳或折断 ②钢球安全离合器调节螺母松动退出，使弹簧压力减弱 ③牙嵌离合器磨损严重，在扭力作用下自动脱开 ④操纵手柄调整不当，当手柄到位时，离合器的行程不足 ⑤拉杆机构失灵，离合器无动作	①更换弹簧 ②调整离合器间隙并锁紧 ③修复或更换牙嵌离合器 ④调整拉杆，使离合器接合到位 ⑤检修连接件
工作台无快速移动	①快速摩擦片磨损严重 ②电磁离合器失灵	①更换摩擦片 ②专业人员检修电磁离合器
正常进给时出现快速移动	①摩擦片太脏或不平，内、外摩擦片间隙变小或间隙调整不合适，正常进给时处于半压紧状态 ②摩擦片烧坏，内、外摩擦片黏着	①更换不平整的摩擦片，调整间隙 ②更换摩擦片
进给时出现明显的间歇停顿	①进给箱中钢球安全离合器部分弹簧疲劳或损坏，使离合器传递转矩的减小 ②导轨严重损伤	①更换疲劳或损坏的弹簧 ②清洗、修复导轨损伤部位
加工表面粗糙度达不到要求	①铣刀摆动大，刀杆变形 ②机床振动大 ③刀具磨钝	①校正刀杆，更换铣刀 ②调整导轨、丝杠间隙，使工作台移动平稳，锁紧非运动部件 ③更换刀具

故障现象	原　　因	排　除　方　法
尺寸精度达不到要求	①主轴回转中心与工作台台面不垂直 ②工作台台面不平 ③导轨磨损或导轨副间隙过大 ④丝杠间隙未消除 ⑤进给方向之外的非运动方向导轨未锁紧	①调整或修磨台面至精度要求 ②修磨台面至精度要求 ③修刮导轨，调整间隙，保证0.03mm塞尺不得塞入 ④进刀时消除丝杠间隙 ⑤锁紧非运动方向导轨
水平铣削表面有明显波纹	①主轴轴向间隙过大 ②主轴径向圆跳动超差 ③工作台导轨润滑不良 ④机床振动大	①调整主轴轴向间隙 ②调整主轴前轴承间隙，使主轴定心轴颈径向圆跳动误差不超过0.01mm ③保证良好润滑，消除工作台爬行 ④调整导轨、丝杠间隙，锁紧非运动部件，紧固地脚螺栓
工件表面接刀处不平	①主轴中心线与床身导轨不垂直，各相对位置精度不好 ②机床水平不合要求，导轨扭曲 ③主轴轴承间隙、支承孔间隙过大 ④工作台楔铁过松	①检验精度，调整或用磨削、刮研方法修复 ②重新调整机床水平，保证在0.02mm/1000mm内 ③调整主轴轴承间隙，修复支承孔 ④调整楔铁间隙，保证工作台、升降台运动的稳定性

三、磨床的修理

万能外圆磨床常见故障及排除方法见表5-4。

表5-4　万能外圆磨床常见故障及排除方法

故障现象	原　　因	排　除　方　法
机床启动时工作台断续移动	①液压油少，液压系统中进入了空气 ②液压系统中压力低或油液黏度过高 ③工作台导轨润滑油量不足	①将油加至规定高度，使吸油管口和回油管口浸没在油液中，工作台高速全程运动10～15min，以排除系统中的空气 ②按规定调整液压系统压力，更换油液使之黏度合适 ③调整工作台导轨润滑油压力至规定要求
机床工作时液压系统噪声大	①滤油器堵塞或进油管进入空气 ②油液不清洁造成吸油滤网堵塞或油位低于吸油管口 ③油管互相接触产生振动 ④油泵性能下降，压力波动大	①清洗滤油器，检查、紧固油管接头 ②清洗滤网，更换油液并使油位至规定高度 ③将压力油管分开，使其保持一定的距离 ④修复或更换油泵

故障现象	原　　因	排　除　方　法
工作台往复行程速度误差大，在低速移动时更为明显	①工作台油缸两端泄漏量不同，如油缸一端油管损坏、接口套破裂或活塞间隙过大 ②活塞杆弯曲 ③导轨润滑油量不足	①检查或更换油管、接口套，重配活塞，使活塞与油缸间隙为0.04～0.06mm ②校直活塞杆，使其在全长上的直线度误差不超过0.15mm ③调整导轨润滑油量至合适程度
工作台换向迟缓	①滤油器堵塞使油压下降，推动换向阀阀芯无力 ②换向阀阀芯表面被拉毛或被污物卡住 ③控制换向阀移动的节流阀开度过小 ④导轨润滑油压力过低，流量不足	①清洗滤油器，重新调整至规定压力 ②清除毛刺或清理污物，研配阀芯 ③调节节流阀阀芯，增加流量 ④调整导轨润滑油油压及流量
工作台换向时，左右两端停留时间不等	①换向阀制动锥面与阀孔配合不当或两端不对称 ②节流阀调节不当	①检修工作台换向时停留时间长的一端换向阀阀芯的制动锥面，增加制动锥面的长度 ②重新调整节流阀
工作台换向冲击过大	①单向阀中的钢球与盖板的接触不良 ②针形节流阀阀芯结构不合理 ③节流阀调整不当	①更换有冲击一端的单向阀中的钢球，保证钢球与盖板接触良好 ②可改成三角槽式的针形阀芯 ③重新调整节流阀
滑鞍快速进退时冲击过大	①滑鞍快速移动油缸缸壁与活塞的间隙过大，使三角槽失去了节流作用 ②节流三角槽开得过长	①重配活塞，使其与缸壁的配合间隙在0.01～0.02mm范围内 ②严格控制节流三角槽的长度
滑鞍快速进给的定位不稳定	①滑鞍下螺母座松动 ②油缸安装螺钉松动 ③活塞杆受力面有污物	①检查螺母座定位销及螺钉，拧紧螺钉 ②检查并拧紧螺钉 ③检查并清洗受力面
砂轮主轴发生抱轴现象	①主轴轴颈硬度不够，表面粗糙度过大 ②主轴和轴瓦间隙过小 ③砂轮主轴箱内润滑油不清洁、黏度过大或油量不足 ④主轴上的传动带拉得过紧	①更换主轴，保证硬度和表面粗糙度符合要求 ②重新调整主轴和轴瓦间隙 ③清洗箱体，选用合适黏度的润滑油，并用两层白丝绸布过滤，加油位线 ④调整传动带，使之松紧合适
工件的圆度超差	①工件中心孔不合格 ②头架、尾座顶尖磨损或与锥孔接触不良，有晃动 ③工件顶得过紧或过松 ④尾座套筒锈蚀、毛刺造成移动困难 ⑤冷却液不够充分 ⑥磨削细长轴时中心架使用不当	①重新修研中心孔，使其与顶尖接触良好 ②修磨顶尖并检查顶尖与锥孔的接触情况 ③重新调整尾座位置 ④清理尾座套筒，去除毛刺，使之移动顺畅 ⑤加大冷却液量，并将冷却液喷嘴对准磨削部位 ⑥重新调整中心架

故障现象	原因	排除方法
工件圆柱度超差，出现鼓形和鞍形	①机床安装时水平调整精度不够 ②床身导轨局部磨损或变形	①检查并调整机床床身水平及垂直平面内的直线度 ②调整水平，刮研床身导轨至精度要求
工件表面有直波纹（三角形）	①砂轮主轴与轴承间隙过大，使主轴在轴承中漂移量增加，系统刚性降低，砂轮不平衡产生振动 ②砂轮法兰盘锥孔与砂轮主轴接触不良，引起不平衡振动 ③砂轮平衡不好 ④砂轮架电机传动带太松或长短不一致 ⑤砂轮硬度太高或砂轮表面切削刃变钝，使砂轮与工件之间的摩擦增强 ⑥工件中心孔与顶尖接触不良 ⑦工件顶得过紧或过松 ⑧工件的转速过高，横向进给量太大	①在磨削前，主轴空运转达工作温度，检查并调整主轴与轴承间隙在 0.005～0.008mm 范围内 ②检查法兰盘内锥与砂轮主轴外锥接触情况，修刮后涂色检查接触斑点应在80%以上 ③砂轮经过静平衡试验后，上磨床进行修整，取下再进行第二次平衡 ④检查调整电机传动带，应拉力适当、长短一致，电机与机床之间应隔振良好，如采用橡胶、木板等 ⑤根据工件材料合理选用砂轮，并及时修整砂轮 ⑥重新修整或研磨中心孔，涂色检查中心孔与顶尖的接触情况，安装时，要擦净顶尖与中心孔并添加润滑脂 ⑦调整顶尖，用手转动工件，没有时松时紧现象 ⑧合理选用工件切削速度、切削深度、进给量
工件表面有螺旋线	①砂轮修整不良，边缘没有倒角 ②工作台纵向移动速度和工件转速选择不当 ③横向进给量过大 ④工作台导轨润滑油压力过高	①在工作台低速移动无爬行现象的前提下，精修砂轮，同时加大冷却液量，并用油石倒去砂轮边角 ②调整工作台纵向移动速度和工件转速，工件线速度一般为砂轮线速度的 1/100～1/60，工作台纵向移动速度一般为 0.5～3m/min ③根据砂轮的粒度和硬度，合理选择横向进给量 ④调整工作台导轨润滑油的压力和流量
工件表面有鱼鳞纹	①砂轮表面切削刃不锋利，在磨削时砂轮表面被堵塞，对工件表面产生挤压 ②砂轮修整器松动导致修整砂轮时产生振动，金刚石没有焊牢 ③金刚石笔伸出过长，刚性差，在修整时引起振动	①用锋利的金刚石修整砂轮，粗修进给量一般为 0.1mm(单程)，精修进给量小于 0.1mm(单程)，工作台移动速度为 20～30mm/min，并进行多次无进给修整 ②紧固砂轮修整器，焊牢金刚石 ③重新调整金刚石笔伸出长度，并与砂轮倾斜10°左右，笔尖低于其中心 1～2mm

故障现象	原　因	排　除　方　法
工件表面有拉毛的痕迹	①冷却液中有较粗的磨粒存在 ②工件材料韧性太大 ③砂轮太软 ④粗磨痕迹在精磨时没有去除	①清除砂轮罩内的磨屑，过滤或更换冷却液 ②根据材料，合理选择砂轮 ③一般情况下，材料硬选择砂轮要软，材料软选择砂轮要硬，但材料若过软，选择砂轮也应较软 ④适当放大精磨余量
工件内圆表面圆度超差	①头架轴承的间隙过大 ②头架主轴轴颈圆度超差	①调整头架轴承间隙在0.005mm之内 ②修整头架主轴轴颈
工件内圆表面有螺旋线	砂轮修整不良	用锋利的金刚石笔在较小的进给量下修整砂轮，防止砂轮接长杆弹性变形影响砂轮修整质量
工件内圆表面呈多角形	①头架轴承间隙过大，或三爪卡盘与法兰盘座接合不紧，产生松动 ②工件夹得不紧，有松动现象 ③砂轮接长杆刚性差	①检查并调整头架轴承间隙，紧固三爪卡盘与法兰盘座 ②检查三爪卡盘卡爪有否磨损，若有则更换三爪卡盘或卡爪 ③选用刚性好的接长杆
工件内圆表面有鱼鳞纹	①砂轮不锋利，表面被堵塞 ②内圆磨具轴承有间隙 ③接长杆径向圆跳动太大	①修整砂轮 ②对内圆磨具轴承进行预加载荷后重新装配 ③修正砂轮接长杆径向圆跳动

第二节　数控机床类设备的维修

一、主轴部件故障与排除

数控机床主轴部件是影响机床加工精度的主要部件，它的回转精度影响工件的加工精度；它的功率大小与旋转速度影响加工效率；它的自动变速、准停和换刀等影响机床的自动化程度。主轴部件常见故障及排除方法见表5-5。

表5-5　主轴部件常见故障及排除方法

故障现象	原　因	排　除　方　法
加工精度达不到要求	①机床在运输过程中受到冲击 ②安装不牢固、安装精度低或有变化	①检查对机床精度有影响的各部位，特别是导轨副，并按出厂精度要求重新调整或修复 ②重新安装调平、紧固

故障现象	原　因	排除方法
切削振动大	①主轴箱和床身连接螺钉松动 ②轴承预紧力不够，间隙过大 ③轴承预紧螺母松动使主轴窜动 ④轴承拉毛或损坏 ⑤主轴与箱体精度超差 ⑥转塔刀架运动部位松动或压力不够而未夹紧 ⑦其他因素	①恢复精度后紧固连接螺钉 ②重新调整轴承间隙，但预紧力不宜过大，以免损坏轴承 ③紧固螺母，确保主轴精度合格 ④更换轴承 ⑤修理主轴与箱体，使其配合精度、位置精度达到要求 ⑥处理刀具或切削工艺问题 ⑦酌情调整
主轴箱噪声大	①主轴部件动平衡不好 ②齿轮啮合间隙不均或严重损伤 ③轴承损坏或传动轴弯曲 ④传动带过松 ⑤齿轮精度差 ⑥润滑不良	①重新进行动平衡试验 ②调整间隙或更换齿轮 ③修复或更换轴承，校直传动轴 ④调整或更换传动带，注意不能新旧混用 ⑤更换齿轮 ⑥调整润滑油量，保持主轴箱的清洁度
齿轮和轴承损坏	①变挡压力过大，齿轮受冲击产生破损 ②变挡机构损坏或固定销脱落 ③轴承预紧力过大或无润滑	①调整到适当的压力和流量 ②修复或更换零件 ③重新调整预紧力，并保证润滑充足
主轴无变速	①电气变挡信号未输出 ②压力不够 ③变挡液压缸研伤或卡死 ④变挡电磁阀卡死 ⑤变挡液压缸拨叉脱落 ⑥变挡液压缸窜油或内泄 ⑦变挡复合开关失灵	①电气人员检查处理 ②检测并调整工作压力 ③修去研伤和毛刺，清洗后重装 ④检修并清洗电磁阀 ⑤修复或更换 ⑥更换密封圈 ⑦更换新开关
主轴不转动	①主轴转动指令未输出 ②保护开关没有压合或失灵 ③卡盘未夹紧工件 ④变挡复合开关损坏 ⑤变挡电磁阀体内泄漏	①电气人员检查处理 ②压合保护开关或更换 ③调整或修理卡盘 ④更换复合开关 ⑤更换电磁阀
主轴发热	①主轴轴承预紧力过大 ②轴承研伤或损坏 ③润滑油脏污或有杂质	①调整预紧力 ②更换轴承 ③清洗主轴箱，更换新油
液压变速时齿轮推不到位	主轴箱内拨叉磨损	①更换磨损拨叉，选用球墨铸铁作为拨叉材料 ②在每个垂直滑移齿轮下方安装塔簧作为辅助平衡装置，减轻对拨叉的压力 ③活塞的行程与滑移齿轮的定位要协调

第五章

典型机械设备的故障诊断与维修

二、滚珠丝杠副故障与排除

滚珠丝杠副故障大部分是由于运动质量下降、反向间隙过大、机械爬行、润滑状况不良等原因造成的。滚珠丝杠副常见故障及排除方法见表 5-6。

表 5-6　滚珠丝杠副常见故障及排除方法

故障现象	原　因	排 除 方 法
加工表面粗糙度大	①导轨润滑油不足，致使溜板箱爬行 ②丝杠局部拉毛或研伤 ③丝杠轴承损坏，运动不平衡 ④伺服电机未调整好，增益过大	①排除润滑故障，添加润滑油 ②更换或修理丝杠 ③更换轴承 ④调整伺服电机控制系统
反向误差大，加工精度不够稳定	①丝杠联轴器锥套松动 ②丝杠滑板配合压板过紧或过松 ③丝杠滑板配合镶铁过紧或过松 ④丝杠预紧力过大或过小 ⑤丝杠螺母端面与接合面不垂直，接合过松 ⑥丝杠支座轴承过紧或过松 ⑦丝杠制造误差大或轴向窜动 ⑧润滑油不足或没有 ⑨其他机械干涉	①重新紧固并用百分表检测 ②重新调整或修研，用塞尺检测 ③重新调整或修研，使接触率达到70% 以上，用塞尺检测 ④调整预紧力，检查轴向窜动量，使其误差不大于 0.015mm ⑤修理、调整或加垫处理 ⑥修理、调整 ⑦用控制系统自动补偿功能消除间隙，用仪器测量并调整 ⑧调节至各导轨面均有润滑油 ⑨排除干涉
运转中阻力过大	①滑板配合压板过紧或研伤 ②反向器损坏，丝杠卡滞或轴端螺母预紧力过大 ③丝杠研伤 ④伺服电机与丝杠连接不同轴 ⑤无润滑油 ⑥超程开关失灵造成机械故障 ⑦伺服电机过热报警	①重新调整或修研，用塞尺检测 ②修复或更换，调整预紧力 ③修复或更换 ④调整同轴度并紧固 ⑤调整润滑油路 ⑥检查故障并排除 ⑦检查故障并排除
丝杠螺母润滑不良	①分油器不分油 ②油管堵塞	①检查定量分油器 ②消除污物，使油管畅通
噪声大	①滚珠丝杠轴承压盖压合不良 ②滚珠丝杠润滑不良 ③滚珠破损 ④联轴器松动	①调整压盖，使其压紧轴承 ②检查分油器和油路，使润滑油充足 ③更换滚珠 ④拧紧联轴器锁紧螺钉

三、刀架、刀库与换刀装置故障与排除

刀架、刀库与换刀装置常见故障及排除方法见表 5-7。

表 5-7　刀架、刀库与换刀装置常见故障及排除方法

故障现象	原　因	排除方法
转塔不正位	①转位盘上的撞块与选位开关松动，使转塔到位时传输信号超前或滞后 ②转位凸轮轴的轴向预紧力过大或有机械干涉，使转塔不能转到位 ③上、下牙盘与中心轴花键间隙过大，使位移偏差大，落下时易碰牙顶，导致不能转到位 ④转位凸轮与转位盘间隙大	①拆下护罩，使转塔处于正位状态，重新调整撞块与选位开关的位置并紧固 ②重新调整预紧力，排除干涉 ③重新调整连接盘与中心轴的位置，酌情更换零件 ④用塞尺检测凸轮与滚轮，将凸轮调至中间位置；转塔左右窜量保持在两齿中间，确保落下时顺利咬合；转塔抬起时用手摆动，其摆动量不超过两齿间距的 1/3
转塔转位不停	①两计数开关不同时计数或复置开关有问题 ②转塔上的 24V 电源断线	①调整两撞块位置及两计数开关的计数延时，修复复置开关 ②接好电源线
转塔刀具重复定位精度差	①液压夹紧力不足 ②上、下牙盘受冲击，定位松动 ③两牙盘间有污物或滚针脱落在牙盘中间 ④转塔落下夹紧时有机械干涉（如夹铁屑） ⑤夹紧液压缸拉毛或研伤 ⑥压板和楔铁配合不牢	①检查压力并调到额定值 ②重新调整并固定 ③清除污物，保持转塔清洁，检查更换滚针 ④排除机械干涉 ⑤修复拉毛、研伤部分，更换密封圈 ⑥调整压板和楔铁，保证 0.04mm 塞尺不能塞入
刀具不能夹紧	①气泵压力不足 ②漏气 ③刀具夹紧液压缸漏油 ④刀具松夹弹簧上的螺母松动	①使气泵压力在额定范围内 ②关紧 ③更换密封装置 ④拧紧螺母
刀具夹紧后不能松开	刀具松夹弹簧过紧	调松螺母，使其最大载荷不超过额定值
刀套不能夹紧刀具	刀套上的调节螺母未调整好	顺时针旋转刀套两端的调节螺母，压紧弹簧，顶紧夹紧销
刀具从机械手中脱落	刀具超重，机械手夹紧销损坏	刀具不得超重，更换机械手夹紧销
机械手换刀速度过快	气压太高或节流阀开度过大	保证气泵的压力和流量，调节节流阀至换刀速度合适
换刀时找不到刀	刀位编码用组合行程开关、接近开关等元件灵敏度降低、接触不好或损坏	更换损坏元件

四、液压传动系统故障与排除

液压传动系统的主要驱动对象有卡盘、静压导轨、机械手、液压拨叉变速液压缸和主轴松刀液压缸等。液压传动系统常见故障及排除方法见表 5-8。

表 5-8　液压传动系统常见故障及排除方法

故障现象	原　因	排 除 方 法
液压泵不供油或流量不足	①压力调节弹簧过松 ②流量调节螺钉调节不当，定子偏心方向相反 ③液压泵转速太低，导致叶片不能甩出 ④液压泵转向相反 ⑤油液黏度过高，使叶片运动不灵活 ⑥油量不足，吸油管口露出油面而吸入空气 ⑦吸油管堵塞 ⑧进油口漏气 ⑨叶片在转子槽内卡死	①将压力调节螺钉顺时针转动使弹簧压缩，启动液压泵，调整压力 ②按逆时针方向转动流量调节螺钉 ③将转速控制在最低值以上 ④调整转向 ⑤采用规定牌号的油液 ⑥加油到规定位置，将滤油器埋入油下，保证吸油管口不外露 ⑦清理堵塞物 ⑧修理或更换密封件 ⑨拆开油泵修理，清除毛刺，重新装配
液压泵有异常噪声或压力下降	①油量不足，滤油器露出油面 ②吸油管吸入空气 ③回油管口高出油面，空气进入油液 ④进油口滤油器容量不足 ⑤滤油器局部堵塞 ⑥液压泵转速过高或转子装反 ⑦液压泵与电机同轴度差 ⑧定子和叶片磨损，轴承和轴损坏 ⑨泵与其他机械共振	①加油到规定位置 ②找出泄漏部位，修理或更换零件 ③保证回油管口埋入最低油面下一定深度，排除空气 ④更换滤油器，其容量应是油泵最大排量的两倍以上 ⑤清洗滤油器 ⑥保持合适的转速，按规定方向安装转子 ⑦同轴度应在 0.05mm 内 ⑧更换零件 ⑨更换缓冲垫
液压泵油温过高	①液压泵工作压力超载 ②吸油管和系统回油管距离太近 ③油量不足 ④摩擦引起机械损失，泄漏引起容积损失 ⑤油液黏度过大	①按额定压力工作 ②调整油管，使工作后的油不直接进入油泵 ③按规定加油 ④检查或更换零件及密封圈 ⑤按规定更换油液
工作压力低，运动部件爬行	泄漏	①检查是否有高压腔向低压腔的内泄，酌情处理 ②修理或更换泄漏的管件、接头以及阀体

故障现象	原　　因	排　除　方　法
尾座顶不紧或不运动	①压力不足 ②液压缸活塞拉毛或研伤 ③密封圈损坏 ④液压阀断线或卡死 ⑤套筒研伤	①用压力表检测并调整 ②修理或更换 ③更换密封圈 ④重新接线或清洗、更换阀体 ⑤修复
导轨润滑不良	①定量分油器堵塞 ②油管渗漏或破裂 ③没有气体动力源 ④油路堵塞	①更换损坏的定量分油器 ②修理或更换油管 ③检查气动柱塞泵是否堵塞，运动是否灵活，酌情处理 ④清除污物，使油路畅通
滚珠丝杠润滑不良	①分油管不分油 ②油管堵塞	①检查定量分油器，酌情处理 ②清除污物，使油路畅通

五、数控系统故障与排除

不同的数控系统在结构和性能上有所区别，但在故障诊断上有它们的共性。经济型数控车床控制系统（总线机结构）常见故障及排除方法见表5-9。

表5-9　经济型数控车床控制系统（总线机结构）常见故障及排除方法

故障现象	原　　因	排　除　方　法
系统开机后，CRT显示器无显示，按键后无反应	① 220V 交流供电电源异常 ②熔丝熔断 ③开关电源 ±12V、+5V 直流输出电压异常 ④ STD 机箱与开关电源间连线有虚连 ⑤抗干扰滤波板发光二极管未全亮	①恢复正常供电 ②更换熔丝 ③更换开关电源 ④接好连线 ⑤更换抗干扰滤波板
系统工作正常，但CRT显示器无图像或图像混乱	① 220V 交流供电电压异常 ②显像管灯丝不亮 ③ CRT 显示器与其接口板间的视频连接不可靠 ④ CRT 显示器接口板或主机板有故障	①恢复正常电压 ②更换 CRT 显示器 ③接好连线 ④更换故障板
按键后系统及CRT显示器无响应	①键盘引线与键盘接口板插接异常 ②键盘接口板故障	①重新插接面板引线 ②更换键盘接口板

故障现象	原　　因	排　除　方　法
系统工作正常，但主轴不工作	①主轴模拟信号输出端与变频器公共地之间无电压输出 ②主轴变频器输出端内部连线不可靠，输出端主轴正转、反转、停转端子与公共地之间的通、断异常 ③系统与变频器之间的连线不可靠	①高速下测键盘接口板模拟信号输出端子的模拟电压，重新插接连线或更换键盘接口板 ②测量通、断情况（测量时，必须按面板上相应按键），内部重新连接或更换键盘接口板 ③外部重新连接
系统工作正常，但不进给	①进给驱动器供电电压异常 ②驱动电源指示灯不亮 ③系统与驱动器间的连线不可靠 ④驱动控制信号端内部连线不可靠，输出端电压（5V）异常	①恢复正常供电电压 ②更换驱动电源 ③外部重新连线 ④内部重新连线或调换I/O接口板
系统工作正常，但刀架不工作或换刀不停止	①手动检查，刀位不正常 ②系统与刀架控制器间的连线不可靠 ③刀架控制信号端内部连线不可靠，输出端各刀位控制通、断信号异常	①更换刀架控制器或刀架内部元件 ②外部重新连线 ③内部重新连线，更换I/O接口板或主机板
不能进行主轴高低挡切换，X轴、Z轴超程限位失灵	①系统与外部切换开关间的连线不可靠 ②切换开关异常 ③外部应答信号端内部连线不可靠，输入信号异常	①外部重新连线 ②更换开关（含超程限位开关） ③内部重新连线或更换I/O接口板
系统各部分工作正常，但加工误差大	①X轴、Z轴丝杠反向间隙过大 ②系统内部间隙预置值（补偿值）不合理 ③步进电机与丝杠间传动误差大	①重新调整并确定间隙 ②重新设置预置值 ③重新调整并确定其误差值
内存加工程序经常丢失	①主机板上的电池失败 ②主机板断电保护电路有故障	①更换主机板上的电池 ②更换主机板
程序执行中显示消失，返回监控状态	①控制装置接地松动，在机床周围有强磁场干扰信号（干扰失控） ②电网电压波动太大	①重新进行良好接地或改善工作环境 ②加装稳压装置
步进电机易被锁死	对应方向步进电机的功放驱动板上的大功率管被击穿	更换大功率管，并注意：选用质量好的大功率管；检修释放回路，更换损坏元件；加强对装置的清洗保养；保证机箱通风良好
某方向的加工尺寸不够稳定，经常失步	对应方向步进电机的阻尼盘磨损或阻尼盘的螺母松脱	调整步进电机后端阻尼盘的螺母，使其松紧合适
某方向的电机剧烈抖动或不能运转	①步进电机某相的电源断开 ②某相的功放、驱动板损坏	①修复电机连接 ②修复或更换损坏的功放、驱动板

伺服系统常见故障及诊断见表 5-10。

表 5-10 伺服系统常见故障及诊断

故　障	诊　　断
伺服超差（实际进给值与指令值之差超过限定的允许值）	①检查 CNC 控制系统与驱动放大模块之间，CNC 控制系统与位置检测器之间，伺服放大器与伺服电机之间的连线是否正确、可靠 ②检查位置检测器的信号及相关的 D/A 转换电路是否有问题 ③检查伺服放大器输出电压是否有问题 ④检查电机轴与传动机构间是否配合良好，是否有松动或间隙存在 ⑤检查位置环增益是否符合要求
机床停止时，有关进给轴振动	①检查高频脉冲信号并观察其波形及振幅 ②检查伺服放大器速度环的补偿功能 ③检查位置检测用编码盘的轴、联轴器有无松动现象，齿轮是否啮合良好
机床运行时声音不正常，有摆动	①检查测速发电机换向器表面是否光滑、清洁，电刷与换向器间是否接触良好 ②检查伺服放大器速度环的功能 ③检查伺服放大器位置环的增益 ④检查位置检测器与联轴器间的装配是否松动 ⑤检查由位置检测器来的反馈信号的波形及 D/A 转换后的波形幅度
飞车	①位置传感器或速度传感器的信号反相，或者是电枢线路接反了，即整个系统不是负反馈而是正反馈 ②速度指令给得不正确 ③位置传感器或速度传感器的反馈信号没有接或者是有接线断开的情况 ④ CNC 控制系统或伺服控制板有故障 ⑤电源板有故障而引起逻辑混乱
所有的轴均不运动	①保护性锁紧装置如急停按钮、制动机构等没有释放，或有关运动的相应开关位置不正确 ②主电源熔丝熔断 ③由于过载保护用断路器动作或监控用继电器的触点接触不好，呈常开状态而使伺服放大部分信号没有发出
电机过热	①滑板运行时阻力太大 ②热保护继电器脱扣，电流设定错误 ③励磁电流太低或永磁式电机失磁 ④切削条件恶劣，刀具的反作用力太大 ⑤运动夹紧、制动装置没有充分释放，使电机过载 ⑥电机本身内部匝间短路 ⑦电机风扇损坏

故障	诊　　断
机床定位精度不准	①滑板运行时阻力太大 ②位置环的增益或速度环的低频增益太低 ③机械传动部分有反向间隙 ④位置环或速度环的零点平衡调整不合理 ⑤由于接地、屏蔽不好或电缆布线不合理，而使速度指令信号渗入噪声干扰和偏移
加工表面粗糙	①检查测速发电机换向器的表面状况以及电刷的磨合状况 ②检查高频脉冲波形的振幅、频率及滤波形状是否符合要求 ③检查切削条件是否合理，刀尖是否损坏 ④检查机械传动部分的反向间隙 ⑤检查位置检测信号的振幅是否合适 ⑥检查机床水平是否符合要求，地基是否有振动，主轴旋转时机床是否振动等

第三节　液压系统主要设备的维修

一、液压泵的维修

1. 齿轮泵的维修

齿轮泵的维修方法见表5-11。

表5-11　齿轮泵的维修方法

项目	说　　明
齿轮的维修	齿轮两侧端面仅是轻微磨损，可用研磨法将痕迹研去并抛光，即可重新使用 端面严重磨损，齿廓表面虽有磨损，但不严重，可将齿轮放在平面磨床上修磨端面（在保证与孔的垂直度前提下，也可精车）。注意，配对齿轮必须同时修整。修磨后的齿轮用油石将齿廓锐边倒钝，但不宜倒角。齿轮经修磨后，其厚度减小，为保证容积效率和密封，泵体端面也必须磨削至规定公差范围，以保证修复后装配的轴向间隙，防止内泄漏 齿轮的齿廓表面磨损或刮伤严重，形成明显的多边形，啮合线失去密封性能，可用油石研去多边形处毛刺，再将齿轮啮合面调换方位使用 若齿形齿廓接触不好，着色检查达不到要求，刮伤严重，没有修复价值，则应予更换
泵体的维修	泵体的磨损一般发生在吸油腔处，在泵启动时，压力突然升高，压力很不平衡，即使在正常运转时，也不可能达到理想的压力平衡。因此，在泵的吸油腔中常产生磨损或擦伤。如果吸油腔磨损或擦伤轻微，可用油石去除痕迹后继续使用。因为径向间隙对内泄漏影响较轴向间隙小，所以这对使用性能没有多大影响。前、后盖板因与齿轮直接接触，一般均会磨损，应经常检查并加以修理

项目	说 明
轴颈与轴承的维修	齿轮轴颈与轴承或骨架油封的接触处产生磨损，磨损程度轻的经抛光后可继续使用，磨损严重的，应予更换新轴 　　滚动轴承座圈经过热处理，其硬度较高，一般不会磨损，若产生轻微擦伤，用油石去除痕迹，即可继续使用。严重者可以未磨损的那面座圈端面与磨床工作台接触作为基准，对磨损端面进行磨削加工，并保证两端面平行度及端面对内孔的垂直度均在 0.01mm 的公差范围内。若内孔和座圈均磨损严重，则应及时换用新的轴承座圈 　　滚柱（针）轴承长时间运转后，滚柱（针）也会产生磨损，若滚柱（针）发生剥落或点蚀，则必须更换滚柱（针），并保证全部滚柱（针）的直径差不超过0.003mm，长度差为 0.1mm 左右。滚柱（针）应充满轴承内，以免滚柱（针）在滚动时倾斜，恶化运动精度 　　轴承保持架损坏或变形，应予更换

　　齿轮泵的常见故障及排除方法见表 5-12。

表 5-12　齿轮泵的常见故障及排除方法

故障现象	原　因	排 除 方 法
泵不吸油	①密封老化变形 ②吸油滤油器堵塞 ③油箱油位过低或泵安装位置过高 ④油温太低，油黏度过高 ⑤泵的油封损坏，吸入空气 ⑥吸油侧漏气 ⑦吸油管太细或过长，阻力太大 ⑧泵的转向不对或转速过低	①更换密封 ②更换滤油器，更换经过滤的油液 ③保证泵的吸入高度在 500mm 以内 ④按季节配合适的油液或加热油液 ⑤更换新的标准油封 ⑥检查吸油部位 ⑦换大通径油管，缩短吸油管长度 ⑧改变泵的转向，提高转速到规定值
泵的排油侧不出油	①如不是吸油原因，则可能泵已损坏 ②溢流阀损坏或被卡死，油液从溢流阀流回油箱	①检查、修理或换泵 ②检查、修理或更换溢流阀；清除油中污物或更换油液
泵排油但压力上不去	①泵内滑动件严重磨损，容积效率太低 ②溢流阀的锥阀芯严重磨损 ③溢流阀被卡住 ④泵的轴向或径向间隙过大 ⑤吸油侧少量吸入空气 ⑥高压侧有漏油通道 ⑦溢流阀调压过低或关闭不严 ⑧吸油阻力过大或进入空气 ⑨泵转速过高或过低 ⑩高压侧管道有误，系统内部卸荷	①检修或换泵 ②修磨或更换锥阀芯 ③清除污物，过滤油液 ④修理或换泵 ⑤密封不良，改善密封状况 ⑥找出漏油部位，及时处理 ⑦调节或修理溢流阀 ⑧检查阻力过大原因，及时排除 ⑨使泵的转速在规定范围内 ⑩找出原因，及时处理

故障现象	原　因	排　除　方　法
泵排油压力虽能上升但效率过低	①泵内密封损坏 ②泵内滑动件严重磨损 ③溢流阀或换向阀磨损，活动件间隙过大 ④泵内有污物或间隙过大 ⑤泵转速过低或过高 ⑥油箱内出现负压	①更换密封 ②更换新泵 ③更换新阀 ④清除污物，过滤油液，更换新泵 ⑤使泵在规定转速范围内运转 ⑥增大空气过滤器的容量
泵发出噪声	①多数情况是泵吸油不足所致，如油位过低、吸入空气、滤油器堵塞等 ②回油管口高于油面，油中有大量气泡 ③从动齿轮装反，啮合面积变小 ④油液黏度过高，油温太低 ⑤泵轴与原动机轴的同轴度太差 ⑥吸油滤油器的过滤面积太小 ⑦泵的转速过高或过低	①保持油位高度，密封必须可靠，防止油液污染 ②使回油管口伸入油液中 ③改变从动齿轮方向 ④按季节选用适当黏度的油液，或加热油液 ⑤调节两轴的同轴度 ⑥更换合适的滤油器 ⑦使泵按规定转速运转
泵温升过快	①压力过高，转速太快，侧板研伤 ②油液黏度过高或内部泄漏严重 ③回油路的背压过高 ④油箱太小，散热不良 ⑤油液温度过低	①适当调节溢流阀，降低转速到规定值，修泵 ②更换合适的油液，检查密封 ③减小回油路中的背压 ④加大油箱 ⑤加热油液
漏油	①管路连接部分的密封老化、损伤或变质等 ②油温过高，黏度过低 ③管道应力未消除，密封处接触不良 ④密封规格不对，密封性不良 ⑤密封圈损伤	①检查并更换密封 ②降低油温，更换合适的油液 ③消除管道应力，使密封处接触良好 ④更换合适的密封 ⑤更换密封圈

2. 叶片泵的维修

叶片泵的维修方法见表 5-13。

表 5-13　叶片泵的维修方法

项目	说　明
配流盘的维修	配油盘多是端面磨损与拉伤，当端面拉伤深度不太大时，可平磨磨去沟痕，经抛光后装配再用。磨端面后，泵体孔深度也要磨去相应尺寸，用三角锉或铣削加工方式适当修长三角槽尺寸
定子的维修	无论是定量叶片泵还是变量叶片泵，定子均是吸油腔这一段内曲线表面容易磨损。若磨损不严重，可用细砂布打磨继续再用。若磨损严重，应在专用定子磨床上修磨

项目	说　明
转子的维修	转子两端面易磨损和拉毛，叶片槽易磨损变宽。若只是转子两端面轻度磨损，抛光后可继续再用。当磨损、拉伤严重时，需用花键心轴和顶尖定位与夹持，在万能外圆磨床上靠磨两端面后再抛光。当转子叶片槽磨损严重时，可用薄片砂轮和分度夹具在手摇磨床或花键磨床上进行修磨，叶片槽修磨后，叶片厚度也应增大相应尺寸
叶片的维修	叶片主要是顶部与定子表面接触处，以及端面与配流平面相对滑动处的磨损、拉伤。当磨损、拉伤不严重时，可稍加抛光即可使用。当磨损严重时，应重新加工叶片
变量泵控制活塞的维修	弹簧控制活塞和反馈控制活塞的外圆易发生磨损。对于弹簧控制活塞，其两侧均通泄油通道，密封要求低，只要清除外圆和泵体孔之间的毛刺、异物，使之移动灵活即可。反馈控制活塞应进行电镀、刷镀修复或更换新件
轴承的维修	轴承磨损后只能更换新件
轴的维修	轴主要是轴承轴颈处的磨损，可采用磨后镀铬再精磨的方法修复，或者将轴修磨掉凹痕，再按磨后的轴自配滑动轴承

叶片泵的常见故障及排除方法见表 5-14。

表 5-14　叶片泵的常见故障及排除方法

故障现象	原　因	排除方法
泵高压侧不排油	①吸油侧吸不进油，油位过低 ②吸油滤油器被污物堵塞 ③叶片在转子槽内卡住 ④轴向间隙过大，内漏严重 ⑤吸油侧密封损坏 ⑥油温太低 ⑦液压系统有回油情况	①添加油液 ②过滤油液，清洗油箱 ③检修叶片泵 ④调整间隙，达到规定值 ⑤更换密封 ⑥提高油温 ⑦检查液压回路
泵不吸油	①泵安装位置不符合规定 ②吸油管太细或过长 ③吸油侧密封不良，吸入空气 ④泵的旋向不对 ⑤泵损坏	①调整叶片泵的吸油高度 ②更换合适的吸油管，按规定安装 ③改善密封 ④改变运转方向 ⑤更换新泵
泵排油而无压力	①溢流阀卡死，阀质量不良或油液太脏 ②溢流阀从内部回油 ③系统中有回油现象 ④溢流阀弹簧折断	①检查溢流阀，更换油液 ②检查溢流阀 ③阀有内部回油，检查换向阀 ④检查并更换调压弹簧
泵调不到额定压力	①泵的容积效率过低 ②泵吸油不足，吸油侧阻力大 ③溢流阀的锥阀芯磨损 ④油液中混有气体	①检修叶片泵，更换磨损的零件 ②检查吸油高度、油位和滤油器 ③修磨或更换锥阀芯 ④检查吸油侧进气部位并酌情处理

故障现象	原　因	排除方法
噪声过大	①轴颈处密封磨损，进入少量空气 ②回油管口露出油面，回油中有气体 ③吸油滤油器被污物堵塞 ④配流盘、定子、叶片等磨损 ⑤若为双联泵时，高、低压两排油腔相通 ⑥吸油不足 ⑦电机与泵的同轴度超出规定值，噪声很大 ⑧噪声不太大，很刺耳，油箱内有气泡 ⑨有轻微噪声并有气泡的间断声音 ⑩滤油器的容量较小 ⑪吸油管直径小	①更换自紧油封 ②向油箱内加注合格油液至规定液面 ③过滤液压油，清洗油箱 ④检查泵，更换新件，或换新泵 ⑤检修双联泵，酌情更换新泵 ⑥检查吸油不足的原因，及时解决 ⑦调整电机与泵的同轴度 ⑧吸油中混进空气，造成回油中夹着大量气体，检查吸油管路和接头 ⑨吸油处漏气，检查吸油部位的连接件，用黄油涂于连接处噪声即无，重新连接 ⑩更换大容量滤油器 ⑪加大吸油管直径
泵发热异常	①泵的工作压力超过额定压力 ②换泵时，转子侧面间隙过小 ③油箱的容量太小 ④油箱内的吸油管和排油管过近 ⑤泵本身质量问题 ⑥溢流阀造成的发热 　a. 泵启动就有负载，油全部从溢流阀回油箱 　b. 泵的流量大于执行元件的流量，大部分油从阀溢回油箱 　c. 泵的压力过高，超过额定值	①将溢流阀的压力下调到额定值 ②检查泵内轴向间隙 ③加大油箱 ④两管距离应远些，油箱中加隔板 ⑤换泵 ⑥按下列方法解决： 　a. 设计卸荷系统，执行元件不工作，泵应无负载 　b. 泵的流量应与执行元件流量合理匹配 　c. 把溢流阀的压力下调
外部漏油	密封老化或损坏变形	更换密封

叶片泵维修后装配时注意事项如下。

① 清除零件毛刺后清洗干净，再进行装配。

② 转子槽内的叶片应移动灵活，手松开后叶片不应掉下，否则配合过松。

③ 定子和转子与配流盘的轴向间隙应保证在 0.045 ～ 0.05mm 范围内，以防止泄漏增大。

④ 叶片的长度应比转子厚度小 0.005 ～ 0.01mm。同时，叶片与转子在定子中应保持正确的装配方向，不得装错。

⑤ 注意拧紧紧固螺钉时，应使对角方向均匀受力，分次拧紧。

⑥ 装好的叶片泵应按标准要求进行试验和鉴定。

二、液压马达的维修

轴向柱塞式液压马达使用一段时间后，有相对运动的部件会产生磨损，磨损后会产生不同形式的故障，必须予以修复。以 ZM 型轴向柱塞式液压马达为例，其维修方法见表 5-15。

缸体需要维修的位置一是柱塞孔，二是与配流盘相接触的滑动面。柱塞孔一般采用研磨，或用金刚石铰刀铰削，恢复其几何精度和尺寸精度，修复后孔径会增大，为了保证与柱塞的配合间隙，要与柱塞的修复结合起来。当端面（滑动面）与配流盘的接触面磨损、拉伤时，可经平磨再研磨抛光。

表 5-15　ZM 型轴向柱塞式液压马达的维修方法

项目	说　　明
缸体的维修	缸体的具体修复要求如下： ①缸体柱塞孔对轴心线平行度误差不大于 0.02mm，等分误差不大于 10′ ②与配流盘相接触的滑动面平面度误差不大于 0.005mm，表面粗糙度应满足技术要求 ③与配流盘相接触的滑动面对轴心线垂直度误差不大于 0.01mm ④缸体柱塞孔圆柱度、圆度误差不大于 0.005mm，表面粗糙度应满足技术要求
柱塞的维修	柱塞在缸体内频繁往复运动，会产生磨损和因污物拉伤。磨损后可先用无心磨床磨外圆，经电镀（轻度磨损可去油刷镀）后，再与柱塞孔配研保证间隙为 0.01～0.025mm，柱塞外圆圆柱度和圆度误差不得超过 0.005mm，表面粗糙度在规定范围内
推杆的维修	修复方法同上，修复要求如下： ①推杆外圆表面粗糙度应满足技术要求 ②推杆球面端面圆跳动误差不大于 0.02mm ③推杆外圆圆柱度、圆度误差不大于 0.005mm ④推杆外圆与鼓轮各孔配合间隙为 0.01～0.025mm
斜盘的维修	斜盘与推杆在液压马达运转时是点接触，接触压力很高，所以斜盘平面容易磨损，磨损后一般经平磨再研磨抛光，可继续再用
鼓轮的维修	鼓轮上的推杆孔可经研磨抛光，修复要求如下： ①推杆孔圆柱度、圆度误差不大于 0.01mm，表面粗糙度应满足技术要求 ②几个推杆孔对轴心线平行度误差不大于 0.02mm，等分误差不大于 10′

齿轮式和叶片式液压马达的维修，基本上同齿轮泵和叶片泵，可参阅前面有关内容。

三、液压缸的维修

活塞在缸内作频繁的往复运动，故活塞和缸筒内壁最易磨损。液压缸受力情况不同，其磨损情况也不同，因此在修复前应认真检查和测量。对于与缸筒直接接触并依靠 O 形密封圈密封的活塞，如果活塞表面及密封圈槽有裂纹或 0.3mm 以上的深划痕，应采用模具修复机进行修复。对于与缸筒采用间隙密封的活塞，若活塞与缸筒的磨损间隙过大，且缸筒内壁磨损均匀，活塞环槽磨损时，可移位车活塞环槽，或重新配置活塞，与缸筒配研，也可采用喷涂金属、着力部分浇注巴氏合金、按分级修理尺寸车宽活塞环槽的方法达到修配尺寸。对于不直接与缸筒接触的活塞，主要通过更换 V 形或 Y 形密封圈等来恢复活塞与缸筒的密封性。

缸筒一般修理过程与方法见表 5-16。

表 5-16　缸筒一般修理过程与方法

项目		说　明
检测		修理之前，必须先检测缸筒超差或损伤部位，测出缸筒内壁不同截面上的圆度及方位，并做好记录。也可目测，目测时先将灯光从一端射入缸筒，再将活塞伸入缸筒内，逐段移动活塞，观察缸筒全长漏光缝隙大小、方位及纵向分布，并做好记录，作为缸筒修复的依据
维修	珩磨	缸筒损坏比较严重但均匀，深浅程度相差不大，即使伤痕较多，也可采用珩磨方法来修复。珩磨可在专用珩磨机床上进行，也可在车床上进行。将缸筒装在车床主轴卡盘上，并用中心架支承，珩磨头用铰链装在刀杆上，刀杆再装在滑板上，缸筒快速旋转，珩磨头往复运动，珩磨头在两端换向不能太快，以免影响缸筒两端加工质量。缸筒转速为 200r/min 左右，珩磨头移动速度为 10m/min 左右，磨出的花纹最好呈 45°交叉状，珩磨余量为 0.1 ～ 0.15mm

项目		说　　明
维修	研磨	对于损坏程度较轻的缸筒可用机动或手动研磨的方法来修复。机动研磨可在钻床上进行，磨具与钻床主轴用万向接头连接，转速为 100r/min 左右。加工时，手动主轴沿缸筒轴线移动，如果缸筒较长，也可在车床上研磨。研具材料比缸筒材料软一些，这样研磨料比较容易嵌入研具表面，研磨效率高。研具本身尺寸精度和几何精度对缸筒加工质量有直接影响。研具的材料采用铸铁较好，成本低、工艺性好，能保证较好的研磨质量和较高的效率，对各种材料的缸筒都适用
	电镀	如缸筒内壁磨损较大（在 0.15mm 以内），但又比较均匀时，可用电镀（多用镀铬）工艺，将内孔尺寸加以补偿后再采用珩磨加工进行修复。镀层的厚度为 0.05～0.3mm，镀层过厚容易脱落 　　由于电镀工艺较复杂，镀前表面处理不当，会使内孔形状误差增大。另外零件必须解体，电镀加工时间较长，需镀槽等固定设备，价格较高等，导致目前液压缸修复工艺中已较少采用电镀的方法

第五章

典型机械设备的故障诊断与维修

第六章

设备维修的精度检验

第一节　设备维修几何精度的检验

一、平面度和平行度的检验

1.平面度的检验

在机床精度检验标准中，规定测量工作台台面在纵、横、对角、辐射等各个方向上的直线度误差后，取其中最大一个直线度误差作为工作台台面的平面度误差。平面度的检验可采用标准平板研点法、塞尺检查法、间接测量法、光线基准法等（见表6-1）。

表6-1　平面度的检验

项目	说　　明
平板研点法	在中小台面上利用标准平板，涂色后对台面进行研点，检查接触斑点的分布情况，以证明台面的平面度情况。使用工具最简单，但不能得出平面度误差数据。最好采用0～1级精度的标准平板
塞尺检查法	如图6-1所示，采用相应长度的平尺，精度为0～1级，在台面上放两个等高量块，平尺放在量块上，用塞尺检查工作台台面至平尺工作面的间隙
间接测量法	所用的量仪有合像水平仪、自准直仪等。根据定义，平面度误差要按最小条件来评定，即平面度误差是包容实际表面且距离为最小的两平行平面间的距离。由于该平行平面对不同的实际被测平面具有不同的位置，且又不能事先得出，故测量时需要先用过渡基准平面来进行评定。评定的结果称为原始数据，然后由获得的原始数据再按最小条件进行数据变换，得出实际的平面度误差。但是这种数据交换比较复杂，在实际生产中常采用对角线法的过渡基准平面，作为评定基准。虽然它不是最小条件，但是较接近最小条件 对角线法的过渡基准平面，对矩形被测表面测量时的布线方式如图6-2所示，其纵向和横向布线应不少于两个位置。用对角线法，由于布线的原因，在各方向测量时，应采用不同长度的底座。测量时首先按布线方式测量出各截面上相对于端点连线的偏差，然后再算出相对过渡基准平面的偏差。平面度误差就是最高点与最低点之差。当被测平面为圆形时，应在间隔为45°的四条直径方向上检验
光线基准法	可采用经纬仪等光学仪器。通过光线扫描方法来建立测量基准平面。其特点是数据处理与调整都方便，测量效率高，只是受仪器精度的限制，测量精度不高 测量时，将测量仪器放在被测表面上，这样被测表面位置变动对测量结果没有影响，只是仪器放置部位的表面不能测量。测量仪器也可置于被测表面外，这样就能测出全部的被测表面，但被测表面位置的变动会影响测量结果。因此，在测量过程中，要保持被测表面的原始位置。此方法要求三点相距尽可能远一些，如图6-3所示的Ⅰ、Ⅱ、Ⅲ点。按此三点放置靶标，仪器绕转轴旋转并逐一瞄准它们。调整仪器扫描平面位置，使其与上述所建立的平面平行，即靶标在这三点时，仪器的读数应相等，从而建立基准平面。然后测出被测表面上各点的相对高度，便可以得到该表面的平面度误差的原始数据

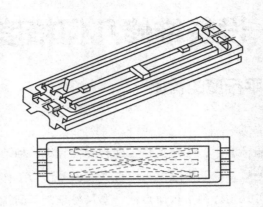

图 6-1　塞尺检查法

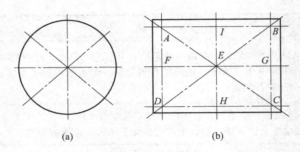

(a)　　　　　　　　(b)

图 6-2　对角线法

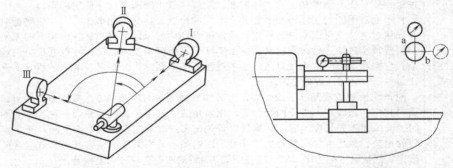

图 6-3　光线扫描法测量平面度　　图 6-4　主轴锥孔中心线对床身导轨平行度的检验

2. 平行度的检验

图 6-4 所示为车床主轴锥孔中心线对床身导轨平行度的检验。在主轴锥孔中插一根检验棒，百分表固定在床鞍上，在指定长度内移动床鞍，用百分表分别在检验棒的母线 a 和母线 b 上进行检验，a、b 的测量结果分别以百分表读数的最大差值表示。为消除检验棒圆柱部分与锥体部分的同轴度误差，第一次测量后将检验棒拔去，转 180° 后再插入重新检验。误差以两次测量结果的代数和的一半计算。

其他如外圆磨床头架主轴锥孔中心线、砂轮架主轴中心线对工作台导轨移动的平行度以及卧式铣床悬梁导轨移动对主轴锥孔中心线的平行度等，都与上述检验方法类似。

图 6-5 所示为双柱坐标镗床主轴箱水平直线移动对工作台台面平行度的检验，在工作台台面上放两个等高量块，将平尺放在等高量块上，平行于横梁，将百分表固定在主轴箱上，按图示方法移动主轴箱进行检测，取百分表读数的最大差值。在第一次测量后，将平尺掉头，再测量一次，两次测量结果的代数和的一半就是平行度误差。

图 6-6 所示为用水平仪检验导轨平行度，检验时将水平仪横向放在专用桥板或床鞍上，移动桥板或床鞍逐点进行检验，水平仪在导轨全长上测量读数的最大差值，即为导轨的平行度误差。

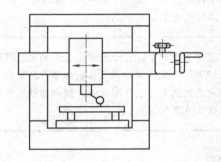 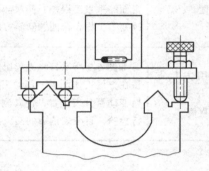

图 6-5　主轴箱移动对工作台台面平行度的检验　　图 6-6　用水平仪检验导轨平行度

二、垂直度的检验

机床部件基本是在相互垂直的三个方向上移动，即垂直方向、纵向和横向。测量这三个方向移动相互间的垂直度误差，一般采用方尺、直角平尺、百分表、框式水平仪及光学仪器等（见表 6-2）。

三、同轴度的检验

同轴度是指两根或两根以上轴中心线不重合的变动量。卧式铣床刀杆支架孔对主轴、六角车床主轴对回转头工具孔、滚齿机刀具主轴对刀具轴活动托架轴承孔等都有同轴度的检验要求。同轴度的检验见表 6-3。

表 6-2　垂直度的检验

项目	说　明
用直角平尺与百分表检验垂直度	如图 6-7 所示，检验车床床鞍上、下导轨垂直度。在车床床身主轴箱安装面上卧放直角平尺，将百分表固定在床鞍上，百分表测头顶在直角平尺与纵向导轨平行的工作面上，移动床鞍找正直角平尺，也就是以纵向导轨为测量基准。将中滑板装到床鞍燕尾导轨上，百分表固定在上平面上，百分表测头顶在直角平尺与纵向导轨垂直的工作面上，在燕尾导轨全长上移动中滑板，则百分表的最大读数就是床鞍上、下导轨的垂直度误差。若超过允差，应修刮床鞍与床身接合的下导轨面，直至合格
用框式水平仪检验垂直度	如图 6-8 所示，工作台放在检验平板上或用千斤顶支承。用框式水平仪将工作台台面按 90°两个方向找正，记下读数；然后将水平仪的侧面紧靠工作台侧工作面上，再记下读数。水平仪读数的最大差值就是工作台侧工作面对工作台台面的垂直度误差。两次测量水平仪的方向不能变，若将水平仪回转 180°，则改变了工作台台面的倾斜方向，读数就错了
用方尺与百分表检验垂直度	如图 6-9 所示，将方尺卧放在工作台台面上，百分表固定在主轴上，其测头顶在方尺工作面上，移动工作台使方尺的工作面 B 和工作台移动方向平行。然后变动百分表位置，使其测头顶在方尺的另一工作面 A 上，横向移动工作台进行检验，百分表读数的最大差值就是垂直度误差

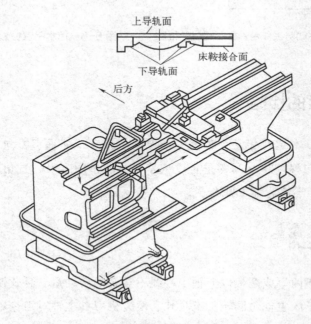

图 6-7　检验车床床鞍上、下导轨垂直度

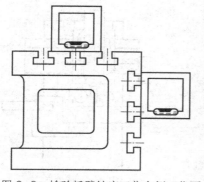 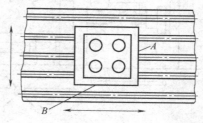

图 6-8　检验摇臂钻床工作台侧工作面　　　图 6-9　检验铣床工作台纵、横向
　　　　对工作台台面的垂直度　　　　　　　　　　移动的垂直度

表 6-3　同轴度的检验

项目	说　明
转表测量法	这种测量方法比较简单，但需注意表杆挠度的影响。如图 6-10 所示，测量六角车床主轴与回转头工具孔同轴度误差，在主轴上固定百分表，在回转头工具孔中紧密地插入一根检验棒，百分表测头顶在检验棒表面上。主轴回转，分别在垂直面和水平面内进行测量。百分表读数在相对 180° 位置上差值的一半，就是主轴中心线与回转头工具孔中心线之间的同轴度误差 　　图 6-11 所示为测量立式车床工作台回转中心线与五方刀台工具孔中心线之间同轴度误差的情况。将百分表固定在工作台台面上，在五方刀台工具孔中紧密地插入一根检验棒，使百分表测头顶在检验棒表面上。回转工作台并水平移动刀台滑板，在平行于刀台滑板移动方向的截面内，使百分表在检验棒两侧母线上的读数相等。然后旋转工作台进行测量，百分表读数最大差值的一半，就是工作台回转中心线与五方刀台工具孔中心线之间的同轴度误差
锥套塞插法	对于某些不能用转表测量法的场合，可以采用锥套塞插法进行测量。图 6-12 所示为测量滚齿机刀具主轴中心线与刀具轴活动托架轴承孔中心线之间的同轴度误差。在刀具主轴锥孔中，紧密地插入一根检验棒，在检验棒上套一个锥形检验套，套的内径与检验棒滑动配合，套的锥面与活动托架锥孔配合。固定托架，并使检验棒的自由端伸出托架。将百分表固定在床身上，使其测头顶在检验棒伸出的自由端上，推动检验套进入托架的锥孔中靠紧锥面，此时百分表指针的摆动量，就是刀具主轴中心线与刀具轴活动托架轴承中心线之间的同轴度误差，在检验棒相隔 90° 的位置上分别测量

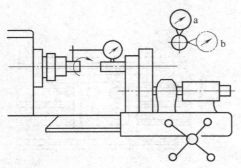
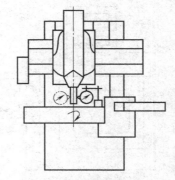

图 6-10　转表测量法同轴度检验（一）　　图 6-11　转表测量法同轴度检验（二）

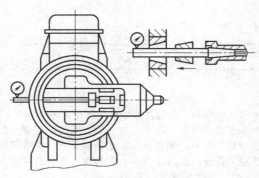

图 6-12　锥套塞插法同轴度检验

四、主轴回转精度的检验

主轴回转精度的检验方法见表 6-4。

表 6-4　主轴回转精度的检验

项目	说　　　明	
主轴锥孔中心线径向圆跳动的检验	在主轴锥孔中紧密地插入一根锥柄检验棒，将百分表固定在机床上，百分表测头顶在检验棒表面上，压表数为 0.2～0.4mm，如图 6-13 所示，a 处靠近主轴端部，b 处与 a 处相距 300mm 或 150mm，转动主轴检验 　　为了避免检验棒锥柄与主轴锥孔配合不良的误差，可将检验棒每隔 90° 插入一次检验，共检验四次，四次测量结果的平均值就是径向圆跳动误差。a、b 两处的误差分别计算	
主轴定心轴颈径向圆跳动的检验	将百分表固定在机床上，百分表测头顶在主轴定心轴颈表面上（若是锥面，测头必须垂直于锥面），旋转主轴检查，如图 6-14 所示。百分表读数的最大差值，就是定心轴颈的径向圆跳动误差	

项目	说　　　明
主轴端面圆跳动的检验	将百分表测头顶在主轴轴肩支承面靠近边缘的位置，旋转主轴，分别在相隔180°a处和b处检验，如图6-15所示。百分表两次读数的最大差值，就是主轴支承面的端面圆跳动误差
主轴轴向窜动的检验	将百分表固定在机床上，在主轴锥孔中插入一根锥柄短检验棒，其中心孔中装有钢球，使百分表测头顶在钢球上，旋转主轴检验，如图6-16所示，百分表读数的最大差值，就是轴向窜动量

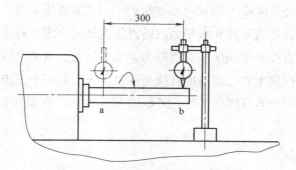

图 6-13　主轴锥孔中心线径向圆跳动的检验

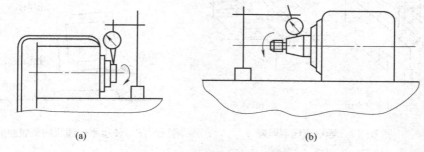

(a)　　　　　　　　　　　　　(b)

图 6-14　主轴定心轴颈径向圆跳动的检验

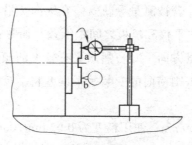

图 6-15　主轴端面圆跳动的检验

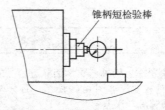

图 6-16　主轴轴向窜动的检验

五、导轨直线度的检验

　　导轨直线度是指组成 V 形或矩形导轨的平面与垂直平面或水平面交线的直线度，且常以交线在垂直平面和水平面内的直线度体现出来。在给定平面内，包容实际线的两平行直线的最小区域宽度即为直线度误差。有时也以实际线的两端点连线为基准，实际线上各点到基准直线坐标值中最大的一个正值与最大的一个负值的绝对值之和，作为直线度误差。图 6-17 所示为导轨在垂直平面和水平面内的直线度误差。

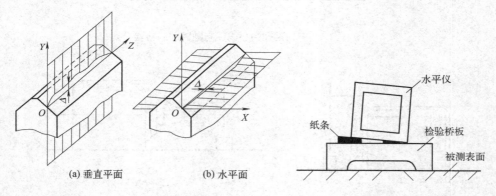

(a) 垂直平面　　　(b) 水平面

图 6-17　导轨直线度误差　　　　图 6-18　使水平仪适应被测表面的方法

1. 导轨在垂直平面内直线度的检验

　　（1）用水平仪测量　若被测量导轨安装在纵向（沿测量方向）对自然水平有较大的倾斜时，允许在水平仪和桥板之间垫纸条，如图 6-18 所示。若被测量导轨安装在横向（垂直于测量方向）对自然水平有较大的倾斜时，则必须严格保证桥板是沿一条直线移动，否则横向的安装水平误差将会反映到水平仪示值中去。现举例说明如下。

　　一车床导轨长为 1600mm，使用精度为 0.02mm/1000mm 的框式水平仪，测量此导轨在垂直平面内的直线度误差，仪表座长度为 200mm。

① 将仪表座置于导轨长度方向的中间，水平仪置于其上，调平导轨，使水平仪的气泡居中。

② 导轨用粉笔做标记分段，其长度与仪表座长度相同。从靠近主轴箱位置开始依次首尾相接逐渐测量，取得各段高度差读数。可根据气泡移动方向来判定导轨倾斜方向，可假定气泡移动方向与水平仪移动方向一致时为"+"，反之为"-"。

③ 把各段测量读数逐点累积，用绝对读数法。每段读数值依次为 +1、+1、+2、0、-1、-1、0、-0.5，如图 6-19 所示。

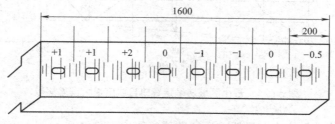

图 6-19 分段测量气泡位置

④ 取坐标纸，画出导轨直线度误差曲线。作图时，导轨的长度为横坐标，水平仪读数为纵坐标。根据水平仪读数依次画出各折线段，每一段的起点与前一段的终点重合，如图 6-20 所示。

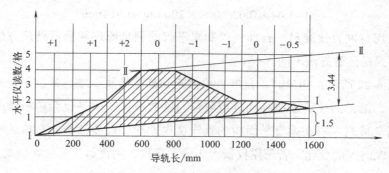

图 6-20 两端点连线法确定导轨直线度最大误差格数

⑤ 用两端点连线法或最小区域法确定最大误差格数。

a. 两端点连线法。在导轨直线度误差呈单凸或单凹时，作首尾两端点连线 Ⅰ-Ⅰ，并过曲线最高点或最低点，作直线 Ⅱ-Ⅱ与 Ⅰ-Ⅰ平行。两包容线间纵坐标差值即为最大误差格数。在图 6-20 中，最大误差在导轨长为 600mm 处。曲线右端点坐标值为 1.5 格，按相似三角形解法，导轨 600mm 处最大误差格数为 4-0.56=3.44 格。

b. 最小区域法。在直线度误差曲线有凸有凹时，采用图 6-21 所示方法。过曲线上两个最低点或两个最高点，作一条包容线Ⅰ-Ⅰ，过曲线上最高点或最低点作平行于线Ⅰ-Ⅰ的另一条包容线Ⅱ-Ⅱ，将误差曲线全部包容在两平行线之间，两平行线之间的纵坐标差值即为最大误差格数。

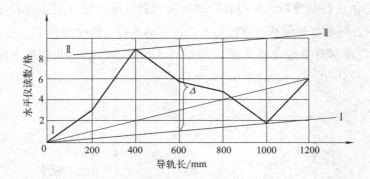

图6-21　最小区域法确定导轨直线度最大误差格数

⑥ 按误差格数换算。导轨直线度数值一般按下式换算：

$$\Delta = nil$$

式中，Δ 为导直线度误差，mm；n 为曲线中最大误差格数；i 为水平仪的读数精度；l 为每段测量长度，mm。

在图6-20的例中：

$$\Delta = 3.44 \times 0.02/1000 \times 200\text{mm} = 0.014\text{mm}$$

（2）用自准直仪测量　自准直仪和水平仪的测量原理和数据处理方法基本相同，区别只是读数方法不同。

如图6-22所示，测量时，自准直仪固定在被测导轨一端，而反射镜则放在检验桥板上，沿被测导轨逐段移动进行测量，读数所反映的是检验桥板倾斜度的变化。当测量被测导轨在垂直平面内的直线度误差时，需要测量的是检验桥板在垂直平面内倾斜度的变化，若所用仪器为光学平直仪，则读数筒应放在向前的位置。

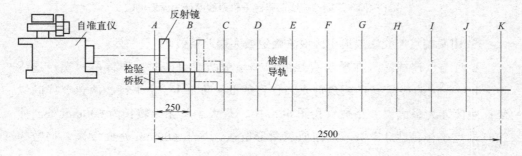

图6-22　用自准直仪测量垂直平面内直线度

144

例如，用分度为 0.005rad/1000rad 的自准直仪和长度为 250mm 的桥板测量导轨在垂直平面内的直线度，共测 10 段，读数分别为 46、52、47、53、54、52、56、54、48、44，此读数可以同减任意一个数值。为了使误差曲线向上的部位反映被测导轨"凸"，向下的部位反映被测导轨"凹"，作图或计算的顺序应始终从靠近自准直仪的一端开始。

作图时，对原始读数可先减去第一段的读数，而作误差曲线时，若发现曲线太陡，可根据情况再各加或各减某一数值。如在以上读数上各减 46，得

$$0、+6、+1、+7、+8、+6、+10、+8、+2、-2$$

根据此读数作误差曲线，曲线会很陡，若各段读数再各减 4，则曲线始末的高度差将减小，曲线可以较平，各减 4 后，读数为

$$-4、+2、-3、+3、+4、+2、+6、+4、-2、-6$$

根据此读数作导轨直线度误差曲线，如图 6-23 所示。

按两端连线评定时，直线度误差为

$$\Delta=11 \times 0.005/1000 \times 250mm=0.014mm$$

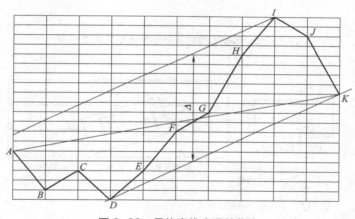

图 6-23　导轨直线度误差曲线

2. 导轨在水平面内直线度的检验

导轨在水平面内直线度的检验见表 6-5。

表 6-5　导轨在水平面内直线度的检验

项目	说　明
用检验棒或平尺测量	以检验棒或平尺为测量基准，用百分表进行测量。在被测导轨的侧面架起检验棒或平尺，百分表固定在仪表座上，百分表的测头顶在检验棒的侧母线或平尺工作面上，如图 6-24 所示。首先将检验棒或平尺调整到和被测导轨平行，即百分表读数在检验棒或平尺两端点一致，然后移动仪表座进行测量，百分表读数的最大差值就是被测导轨在水平面内相对于两端连线的直线度误差。若需要按最小条件评定，则应在导轨全长上等距测量若干点，然后再进行基准转换即数据处理

项目	说　　明
用光学 平直仪 测量	若所用仪器为光学平直仪，则只需将读数筒转到仪器的侧面即可，由锁紧螺钉定位，如图 6-25 所示。此时测出的将是十字线像垂直于光轴方向的偏移量，反映的是反射镜仪表座在水平面内的偏斜角。其测量方法、读数方法、数据处理方法，与测量导轨在垂直平面内直线度误差时并无区别
用钢丝 和显微 镜测量	钢丝经充分拉紧后，可以认为是理想"直"的，因而可以作为测量基准，即从水平方向测量实际导轨相对于钢丝的误差，如图 6-26 所示。拉紧一根直径为 0.1～0.3mm 的钢丝，并使它平行于被检验导轨，在仪表座上垂直安放一个带有微量移动装置的显微镜，使仪表座全长移动进行检验。导轨在水平面内直线度误差，以显微镜读数最大差值计

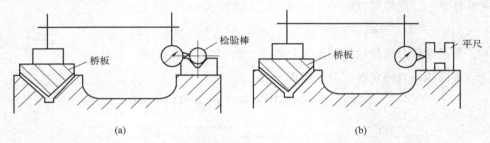

(a)　　　　　　　　　　　　　　　　　　(b)

图 6-24　用检验棒或平尺测量水平面内直线度

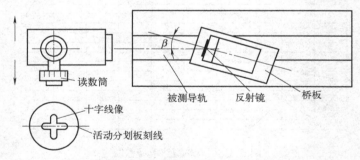

图 6-25　用光学平直仪测量水平面内直线度

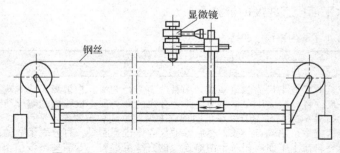

图 6-26　用钢丝和显微镜测量水平面内直线度

146

第二节 装配质量的检验及试验

一、装配质量的检验内容

1.机床部件、组件的装配质量

主传动箱啮合齿轮的轴向错位量：当啮合齿轮轮缘宽度小于或等于 20mm 时，不得大于 1mm；当啮合齿轮轮缘宽度大于 20mm 时，不得超过轮缘宽度的 5% 且不得大于 5mm。装配后，应进行空运转试验，并检验以下各项。

① 变速机构的灵活性和可靠性。

② 运转平稳，不应有不正常的啸叫声和不规则的冲击声。

③ 在主轴轴承达到稳定温度时，其温度和温升应符合机床技术要求的规定。

④ 润滑系统的油路应畅通、无阻塞，各接合部位不应有漏油现象。

⑤ 主轴的径向圆跳动和轴向窜动应符合各类机床精度检验标准的规定。

⑥ 机床的操纵联锁机构装配后，应保证其灵活性和可靠性；离合器及其控制机构装配后，应达到可靠的接合与脱开。

2.机床的总装配质量

机床的总装配过程也是调整与检验的过程，机床的总装配质量见表 6-6。

表 6-6　机床的总装配质量

项目	说　明
机床水平的调整	在总装前，应首先调整好机床的安装水平
接合面的检验	配合件的接合面应检查刮研面的接触点数，刮研面不应有机械加工的痕迹。两配合件的接合面均是刮研面，进行涂色法检验时，研点应均匀。按规定的计算面积平均计算，在每 25mm×25mm 的面积内，接触点数不得少于技术要求的规定
机床导轨的装配	除用涂色法检验外，还应用 0.04mm 塞尺检验，塞尺在导轨、镶条、压板端的滑动面间插入深度不大于 10～15mm
带传动的带张紧机构装配	带传动的带张紧机构装配后，应具有足够的调整量，两带轮的中心平面应重合，其倾斜角和轴向偏移量不应过大。一般倾斜角不超过 1°。传动时带应无明显的脉动，对于两个以上的 V 带传动，装配后带的松紧应基本一致

二、机床工作精度的检验

机床的工作精度，是在动态条件下对试件进行加工时所反映出来的。工作精度检验应在标准试件或由用户提供的试件上进行。工作精度检验应采用机床具有的精加工工序。

试件的数目或在一个规定试件上的切削次数，需视情况而定，应使其得出加工的平均精度。必要时，应考虑刀具的磨损。除有关标准已有规定外，用于工作精度检验的试件，其原始状态应予确定，试件材料、尺寸和应达到的精度等级以及切削条件，应在制造厂与用户达成一致。

工作精度检验中试件的检查，应按测量类别选择所需精度等级的测量工具。在机床试件的加工图纸上，应反映适应于机床各独立部件几何精度的相应标准所规定的公差。在某些情况下，工作精度检验可以用相应标准中所规定的特殊检查来代替或补充。例如在负载下的挠度检验、动态检验等。

三、机床的空运转试验

空运转试验是在无负荷状态下运转机床，检验各机构的运转状态、温度变化、功率消耗，操纵机构的灵活性、平稳性、可靠性及安全性。试验前，应使机床处于水平位置，一般不采用地脚螺栓固定。按润滑图表将机床所有润滑点注入规定的润滑剂。机床的空运转试验见表 6-7。

表6-7　机床的空运转试验

项目	说　明
主运动试验	试验时，机床的主运动机构应从最低转速依次运转，每级转速的运转时间不得少于2min。用交换齿轮、带传动变速和无级变速的机床，可进行低、中、高速运转。在最高速时运转时间不得少于1h，使主轴轴承达到稳定温度
进给运动试验	进给机构应依次变换进给量或进给速度进行空运转试验，检查自动机构（包括自动循环机构）的调整和动作是否灵活、可靠。有快速移动的机构，应进行快速移动试验
其他运动试验	检查转位、定位、分度、夹紧及读数装置和其他附属装置是否灵活可靠；与机床连接的随机附件应在机床上试运转，检查其相互关系是否符合设计要求；检查其他操纵机构是否灵活可靠
电气系统试验	检查电气设备的各项工作情况，包括电机的启动、停止、反向、制动和调速的平稳性，磁力启动器、热继电器和限位开关工作的可靠性
整机连续空运转试验	对于自动机床和数控机床，应进行连续空运转试验，整个运动过程中不应发生故障。连续空运转时间应符合如下规定：机械控制4h；电液控制8h；一般数控机床16h；加工中心32h

试验时，自动循环应包括机床所有功能和全部工作范围，各次自动循环之间的休止时间不得超过 1min。

四、机床的负荷试验

负荷试验是检验机床在负荷状态下运转时的工作性能及可靠性，即加工能力、承载能力及其运转状态，包括速度变化、机床振动、噪声、润滑、密封等。机床的负荷试验见表 6-8。

表 6-8　机床的负荷试验

项目	说　　明
机床主传动系统的转矩试验	试验时，在小于或等于机床计算转速范围内选一适当转速，逐渐改变进给量或切削深度，使机床达到规定转矩，检验机床传动系统各元件和变速机构是否可靠以及机床工作是否平稳、运动是否准确
机床切削抗力试验	试验时，选用适当几何参数的刀具，在小于或等于机床计算转速范围内选一适当转速，逐渐改变进给量或切削深度，使机床达到规定的切削抗力，检验各运动机构、传动机构是否灵活、可靠，过载保护装置是否可靠
机床传动系统达到最大功率的试验	选择适当的加工方式、试件（包括材料和尺寸的选择）、刀具（包括材料和几何参数的选择）、切削速度、进给量，逐步改变切削深度，使机床达到最大功率（一般为电机的额定功率），检验机床结构的稳定性、金属切除率以及电气等系统是否可靠
其他试验	一些机床除进行最大功率试验外，由于工艺条件限制而不能使用机床全部功率，还要进行有限功率试验和极限切削宽度试验。根据机床的类型，选择适当的加工方法、试件、刀具、切削速度、进给量进行试验，检验机床的稳定性

第三节　机床设备维修质量的检验

一、机床几何精度的检验

机床几何精度检验是机床处于非运行状态下，对机床主要零部件质量指标误差进行的测量，它包括基础件的单项精度、各部件间的位置精度以及部件的运动精度、定位精度、分度精度和传动链精度等。它是衡量机床精度的主要指标之一。

1. 机床几何精度检验的一般规则

机床几何精度检验一般分两次进行，一次在工作精度检验之后，另一次在空运转试验后、负荷试验之前。机床的几何精度检验，一般不允许紧固地脚螺栓。如因机床结构要求，必须紧固地脚螺栓才能使检验数值稳定时，也应将机床调整至水平，在垫铁承载均匀的条件下，再以大致相等的力矩紧固地脚螺栓。绝对不允许用紧固地脚螺栓的方法来校正机床的水平和几何精度。

机床几何精度检验的一般规定如下。

① 凡与主轴轴承温度有关的项目，应在主轴运转达到稳定温度后再进行检验。

② 各运动部件的检验应手动，不适合手动或机床质量大于 10t 的机床，允许低速机动。

③ 凡规定的精度检验项目均应在允差范围内，如超差必须进行返修，返修后必须重新检验所有几何精度。

测量机床几何精度时的注意事项如下。

① 测量时，被测件和量仪等的安装面和测量面都应保持高度清洁。

② 测量时，被测件和量仪应安放稳定、接触良好，并注意周围振动对测量稳定性的影响。

③ 在用水平仪测量机床几何精度时，由于测量时间较长，应特别注意避免环境温度的变化，因为这将造成在测量过程中水平仪气泡的长度变化，而影响对被测件的测量准确性。

④ 在用水平仪或指示器进行移动测量时，为避免移动部件和量仪测量机构受力后间隙变化对测量数值的影响，在整个移动过程中，必须遵守单向移动测量的原则。

⑤ 对水平仪读数时，必须确认水准器气泡已处于稳定的静止状态。在用指示器进行比较测量时，其测量力应适度，一般以测量杆有 0.5mm 左右的压缩量为宜。

⑥ 当被测要素的实际位置不能直接测量而必须通过过渡工具间接测量时，为消除过渡工具的替代误差对测量的影响，一般应采用正反向二次测量法（或半周期法），并取测量结果的平均值。

2. 卧式车床几何精度的检验

卧式车床几何精度检验的内容包括几何精度的检验项目、检验方法以及使用的检验工具和允差值。下面以 CA6140 型卧式车床为例说明机床几何精度的检验方法及超差处置。

（1）床身导轨调平的检验　见表 6-9。

表 6-9　床身导轨调平的检验

检验项目	说　　明
导轨在垂直面内的直线度	如图 6-27 所示，允差见表 6-10 检验前，需将机床安装在适当的基础上，在地脚螺栓孔处设置可调垫铁，将机床调平。为此，水平仪应顺序地放在床身导轨纵向 a、b、c、d 和床鞍横向 f 位置上，调整可调垫铁使两导轨的两端放置成水平，同时校正床身导轨的扭曲 检验时，在床鞍上靠近前导轨 e 处纵向放置一个水平仪，等距离（近似等于规定的局部误差的测量长度）移动床鞍检验 依次排列水平仪的测量读数，用直角坐标法画出导轨误差曲线。曲线相对其两端点连线在纵坐标上的最大正、负值的绝对值之和就是该导轨全长的直线度误差。曲线上任意局部测量长度的两端点相对于曲线两端点连线的坐标差值，就是导轨的局部误差
导轨在垂直面内的平行度	如图 6-27 所示，允差见表 6-10 在床鞍横向 f 位置处放一水平仪，等距离移动床鞍检验（移动距离与检验垂直面内的直线度相同），水平仪在全部测量长度上读数的最大差值，就是该导轨的平行度误差

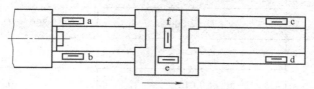

图 6-27　床身导轨调平的检验

表 6-10　床身导轨调平的允差　　　　　　　　　　　　　　　　　　mm

检验项目	允　　差	
	$D_a^{①} \leqslant 800$	$800 < D_a \leqslant 1250$
导轨在垂直面内的直线度	$D_c^{②} \leqslant 500$	
	0.01（凸）	0.015（凸）
	$500 < D_c \leqslant 1000$	
	0.02（凸）	0.025（凸）
	局部公差③在任意 250 测量长度上	
	0.0075	0.01
	$D_c > 1000$ 最大工件长度每增加 1000 允差增加量	
	0.01	0.015
	局部公差在任意 500 测量长度上	
	0.015	0.02
导轨在垂直面内的平行度	0.04/1000	

① D_a 表示最大工件回转直径，以下各表中含义相同。

② D_c 表示最大工件长度，以下各表中含义相同。

③ 在导轨两端 $D_c/4$ 测量长度上局部公差可以加倍。

如发现本项检验精度超差，可对机床安装水平重新进行调整，直至达到规定的精度要求后方可进行以下几何精度项目的检验。

（2）床鞍在水平面内移动的直线度检验　如图 6-28 所示，允差见表 6-11。

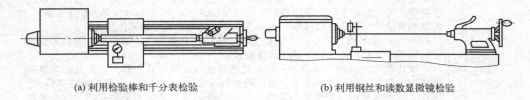

(a) 利用检验棒和千分表检验　　　　　　　　(b) 利用钢丝和读数显微镜检验

图 6-28　床鞍在水平面内移动的直线度检验

表 6-11　床鞍在水平面内移动的直线度允差　　　　　　　　　　　　　　mm

检验项目	允　差	
	$D_a \leqslant 800$	$800 < D_a \leqslant 1250$
床鞍在水平面内移动的直线度	$D_c \leqslant 500$	
	0.015	0.02
	$500 < D_c \leqslant 1000$	
	0.02	0.025
	$D_c > 1000$ 最大工件长度每增加 1000 允差增加量 0.005，最大允差	
	0.03	0.05

当床鞍行程小于或等于 1600mm 时，可利用检验棒和千分表检验，如图 6-28（a）所示。将千分表固定在床鞍上，使其测头触及主轴和尾座两顶尖间的检验棒表面，调整尾座，使千分表在检验棒两端的读数相等。将千分表测头触及检验棒侧母线，移动床鞍在全部行程上进行检验，千分表读数的最大差值就是该导轨的直线度误差。

床鞍行程大于 1600mm 时，用直径约为 0.1mm 的钢丝和读数显微镜检验，如图 6-28（b）所示。在机床中心高的位置上绷紧一根钢丝，显微镜固定在床鞍上，调整钢丝，使显微镜在钢丝两端的读数相等。等距离移动床鞍，在全部行程上检验，显微镜读数的最大差值就是该导轨的直线度误差。

如发现本项检验超差，可与床身导轨在垂直平面内的直线度项目一并对机床安装水平重新进行调整，直至达到规定的精度要求为止。

（3）尾座移动对床鞍移动的平行度检验　如图6-29所示，允差见表6-12。

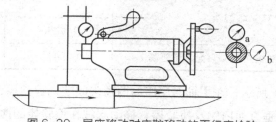

图6-29　尾座移动对床鞍移动的平行度检验

表6-12　尾座移动对床鞍移动的平行度允差　　　　　　　　　　　　　　mm

检验项目	允　差	
	$D_a \leqslant 800$	$800 < D_a \leqslant 1250$
尾座移动对床鞍移动的平行度	$D_c \leqslant 1500$	
	a 和 b: 0.03	a 和 b: 0.04
	局部公差在任意 500 测量长度上为 0.02	
	$D_c > 1500$ a 和 b: 0.04 局部公差在任意 500 测量长度上为 0.03	

注：a 在垂直面内；b 在水平面内。

　　将千分表固定在床鞍上，使其测头触及靠近尾座端面的套筒，a 在垂直面内，b 在水平面内。锁紧套筒，使尾座与床鞍一起移动（即在同方向按相同的速度一起移动，此时千分表测头触及套筒上的测点相对不动），在床鞍全部行程上检验。千分表在任意 500mm 行程上和全部行程上读数的最大差值就是局部长度和全长上的平行度误差。a、b 的误差分别计算。

　　如本项检验精度超差，说明床身上的尾座导轨面与床鞍导轨面平行度超差，此时必须对床身导轨进行修复，修复后先用检验桥板检查其导轨面的平行度，确认已经达到床身制造精度要求后，以床身导轨为基准配刮床鞍和尾座相配合的导轨面。

　　（4）主轴和尾座两顶尖的等高检验　如图6-30所示，允差见表6-13。

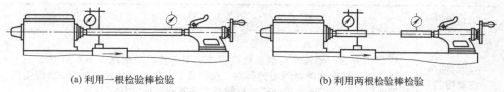

(a) 利用一根检验棒检验　　　　　　　　　(b) 利用两根检验棒检验

图6-30　主轴和尾座两顶尖的等高检验

表 6-13　主轴和尾座两顶尖的等高允差　　　　　　　　　　　　　　　　　　　　　mm

检 验 项 目	允　　差	
	$D_a \leqslant 800$	$800 < D_a \leqslant 1250$
主轴和尾座两顶尖的等高（只允许尾座高）	0.04	0.06

　　如图 6-30（a）所示，在主轴与尾座的两顶尖间装入检验棒，千分表固定在床鞍上，使其测头在垂直面内触及检验棒，移动床鞍在检验棒的两极限位置上检验。千分表在检验棒两端读数的差值就是等高误差。检验时，尾座套筒应退入尾座孔内并锁紧。也可利用两根检验棒，分别插入主轴锥孔与尾座孔内进行检验，如图 6-30（b）所示。

　　经测量后，如果确认是主轴箱偏高，可修刮床身与主轴箱的连接面；如果确认是尾座偏高，可修刮尾座底板与床身导轨的滑动面。

　　（5）主轴的轴向窜动和主轴轴肩支承面的径向圆跳动检验　如图 6-31 所示，允差见表 6-14。

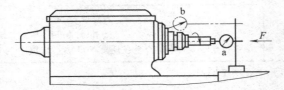

图 6-31　主轴的轴向窜动和主轴轴肩支承面的径向圆跳动检验

表 6-14　主轴的轴向窜动和主轴轴肩支承面的径向圆跳动允差　　　　　　　　　　mm

检 验 项 目	允　　差	
	$D_a \leqslant 800$	$800 < D_a \leqslant 1250$
主轴的轴向窜动	0.01	0.01
主轴轴肩支承面的径向圆跳动（包括轴向窜动）	0.02	0.02

　　检验方法及误差确定见表 6-15。

表 6-15　检验方法及误差确定

检验项目	说　　明
主轴的轴向窜动检验	固定千分表，使其测头触及检验棒端部中心孔内的钢球（图 6-31 中 a 处）。为消除主轴轴向间隙对测量的影响，在测量方向上沿主轴轴线加力 F，缓慢而均匀地用手旋转主轴，千分表读数的最大差值就是轴向窜动误差

检验项目	说　　明
主轴轴肩支承面的径向圆跳动检验	固定千分表，使其测头触及主轴轴肩支承面（图 6-31 中 b 处），沿主轴轴线加力 F，缓慢而均匀地用手旋转主轴，千分表在轴肩支承面的不同直径处一系列位置上进行检验，读数最大差值就是包括轴向窜动误差在内的轴肩支承面的圆跳动误差

如发现本项检验超差，可进行如下处置。

① 重新调整主轴轴承间隙。

② 检查主轴锥孔、轴肩支承面及定心轴颈的制造精度，如发现超差，应予修复。

③ 检查主轴轴承的磨损情况及现有的精度，如发现磨损或超差，应予更换。

（6）主轴定心轴颈的径向圆跳动检验　如图 6-32 所示，允差见表 6-16。

表 6-16　主轴定心轴颈的径向圆跳动允差　　　　　　　　　　　　　　　　mm

检验项目	允　　差	
	$D_a \leqslant 800$	$800 < D_a \leqslant 1250$
主轴定心轴颈的径向圆跳动	0.01	0.015

固定千分表使其测头垂直触及主轴轴颈（包括圆锥轴颈）的表面，沿主轴轴线加力 F，用手缓慢而均匀地旋转主轴，千分表读数的最大差值就是主轴定心轴颈径向圆跳动误差。

本项精度与主轴轴向窜动和主轴轴肩支承面径向圆跳动的精度相互关联，在调整好主轴轴向窜动和主轴轴肩支承面径向圆跳动精度后可使本项精度明显好转。如果主轴轴向窜动和主轴轴肩支承面径向圆跳动精度完全合格而本项精度却超差时，可以对主轴定心轴颈进行修复（但修复后的定心轴颈尺寸不能改变）或更换新主轴。

第六章
设备维修的精度检验

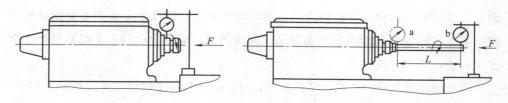

图 6-32　主轴定心轴颈的径向圆跳动检验　　图 6-33　主轴锥孔轴线的径向圆跳动检验

（7）主轴锥孔轴线的径向圆跳动检验　如图 6-33 所示，允差见表 6-17。

表 6-17　主轴锥孔轴线的径向圆跳动允差　　　　　　　　　　　　　　　　　　　mm

检验项目		允　差	
		$D_a \leqslant 800$	$800 < D_a \leqslant 1250$
主轴锥孔轴线的径向圆跳动	靠近主轴端面	0.01	0.015
	距主轴端面 L 处	在 300 测量长度上为 0.02	在 300 测量长度上为 0.05

　　将检验棒插入主轴锥孔内，固定千分表，使其测头触及检验棒的表面，a 为靠近主轴端面位置，b 为距 a 的 L 处。沿主轴轴线加力 F，用手缓慢且均匀地旋转主轴检验。规定在 a、b 两个截面上检验，主要是控制锥孔轴线与主轴轴线的倾斜度误差。

　　为了消除检验棒误差和检验棒插入孔内的安装误差对主轴锥孔轴线径向圆跳动误差的叠加或抵偿，应将检验棒相对于主轴旋转 90° 后重新插入检验，共检验四次，四次测量结果的平均值就是径向圆跳动误差。a、b 的误差分别计算。

　　如果主轴轴向窜动和主轴轴肩支承面径向圆跳动、主轴定心轴颈径向圆跳动合格，而本项精度超差，一般是主轴后轴承松动或磨损引起的，此时可对轴承进行预紧，如预紧无效，则需更换新轴承。

　　（8）主轴轴线对床鞍移动的平行度检验　　如图 6-34 所示，允差见表 6-18。

表 6-18　主轴轴线对床鞍移动的平行度允差　　　　　　　　　　　　　　　　　　mm

检验项目		允　差	
		$D_a \leqslant 800$	$800 < D_a \leqslant 1250$
主轴轴线对床鞍移动的平行度	在垂直面内（只允许向上偏）	在 300 测量长度上为 0.02	在 300 测量长度上为 0.04
	在水平面内（只允许向前偏）	在 300 测量长度上为 0.015	在 300 测量长度上为 0.03

　　千分表固定在床鞍上，使其测头触及检验棒的表面，a 在垂直面内，b 在水平面内，移动床鞍检验。为消除检验棒轴线与主轴旋转轴线重合度误差对测量的影响，必须旋转主轴 180° 进行两次测量，两次测量结果代数和的一半就是平行度误差。a、b 的误差分别计算。

　　当发现在垂直面内的平行度超差时，可修刮床身与主轴箱的连接面。修刮前，先用厚薄不等的铜片垫入主轴箱与床身连接面的四角，直至测得垂直面内主轴轴线对床鞍移动的平行度在允差范围内为止，然后测量连接面四角所垫入铜片的厚度差值，以此作为修刮床身连接面的依据。需要注意的是，垫得最厚的地方要刮去的量最少，垫得最薄的地方要刮去的量最多。当发现在水平面内的平行度超差时，可修刮床身与主轴箱的侧定位面，修刮方法同前。

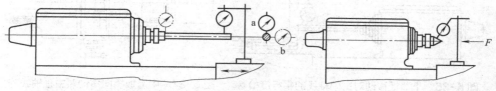

图 6-34　主轴轴线对床鞍移动的平行度检验　　图 6-35　顶尖锥面的圆跳动检验

（9）顶尖锥面的圆跳动检验　如图 6-35 所示，允差见表 6-19。

表 6-19　顶尖锥面的圆跳动允差　　　　　　　　　　　　　　　　　　mm

检 验 项 目	允　差	
	$D_a \leqslant 800$	$800 < D_a \leqslant 1250$
顶尖锥面的圆跳动	0.015	0.02

将顶尖插入主轴锥孔内，固定千分表，使其测头垂直触及顶尖锥面，沿主轴轴线加力 F，用手缓慢而均匀地旋转主轴，千分表读数的最大差值乘以 $\cos\alpha$（α 为顶尖半锥角，一般为 30°），就是顶尖锥面的圆跳动误差。

如超差，可将顶尖拔出后相对主轴旋转 180° 再插入主轴锥孔内，重新测量。如果此时千分表示值的最高点仍位于主轴的某一固定位置，证明顶尖锥面中心线相对于莫氏尾锥中心线的同轴度是不合格的。此时可用莫氏锥度铰刀修整主轴莫氏锥孔，直至达到要求。

（10）小滑板移动对主轴轴线的平行度检验　如图 6-36 所示，允差见表 6-20。

表 6-20　小滑板移动对主轴轴线的平行度允差　　　　　　　　　　　mm

检 验 项 目	允　差	
	$D_a \leqslant 800$	$800 < D_a \leqslant 1250$
小滑板移动对主轴轴线的平行度	在 300 测量长度上为 0.04	

将检验棒插入主轴锥孔内，千分表固定在小滑板上，使其测头在水平面内触及检验棒。调整小滑板，使千分表在检验棒两端的读数相等，再将千分表测头在垂直面内触及检验棒，移动小滑板检验，然后将主轴旋转 180°，再同样检验一次，两次测量结果代数和的一半就是平行度误差。

该项精度如果超差，可修刮小滑板底座与中滑板连接的回转面，直至合格为止。

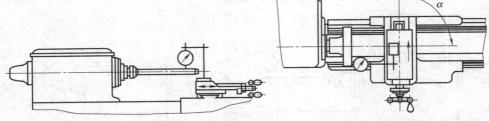

图 6-36　小滑板移动对主轴轴线的平行度检验　　图 6-37　中滑板横向移动对主轴轴线的
垂直度检验

（11）中滑板横向移动对主轴轴线的垂直度检验　如图 6-37 所示，允差见表 6-21。

表 6-21　中滑板横向移动对主轴轴线的垂直度允差　　　　　　　　　　　　　　　mm

检 验 项 目	允　差	
	$D_a \leqslant 800$	$800 < D_a \leqslant 1250$
中滑板横向移动对主轴轴线的垂直度	0.02/300（偏差方向 $\alpha \geqslant 90°$）	

将平面圆盘固定在主轴上，千分表固定在中滑板上，使其测头触及圆盘平面，移动中滑板进行检验，然后将主轴旋转 180°，再同样检验一次，两次测量结果代数和的一半就是垂直度误差。

发现精度超差时，不能调整主轴箱在床身上的位置，因为这样会破坏主轴轴线与床鞍移动的平行度，此时只能修刮床鞍上方的燕尾导轨侧面，根据修刮量调整或重新配作楔铁。修刮床鞍与床身导轨的滑动面也能改善这项精度，但这样做会使溜板箱的位置发生偏转，使溜板箱重新转回原位置的工作量加大。

（12）尾座套筒轴线对床鞍移动的平行度检验　如图 6-38 所示，允差见表 6-22。

表 6-22　尾座套筒轴线对床鞍移动的平行度允差　　　　　　　　　　　　　　　mm

检 验 项 目		允　差	
		$D_a \leqslant 800$	$800 < D_a \leqslant 1250$
尾座套筒轴线对床鞍移动的平行度	在垂直面内（只允许向上偏）	在 100 测量长度上为 0.015	在 100 测量长度上为 0.02
	在水平面内（只允许向前偏）	在 100 测量长度上为 0.01	在 100 测量长度上为 0.015

将尾座紧固在检验位置，当被加工工件最大长度小于或等于 500mm 时，应紧固在床身导轨的末端；当被加工工件最大长度大于 500mm 时，应紧固在导轨中

158

部，但距主轴箱最大距离不大于 2000mm。尾座套筒伸出量约为最大伸出长度的一半，并锁紧。

将千分表固定在床鞍上，使其测头触及尾座套筒的表面，a 在垂直面内，b 在水平面内，移动床鞍检验，千分表读数的最大差值就是平行度误差。a、b 的误差分别计算。

当垂直面内平行度超差时，可修刮尾座底板与床身导轨的滑动面，尾座套筒前端高时刮削底板前端；后端高时刮削底板后端。当水平面内平行度超差时，可修刮尾座体与尾座底板连接面的定位侧面，修刮合格后再相应刮低连接面，消除定位侧面的配合间隙。修刮后，需重新测量尾座中心线与主轴中心线是否等高。

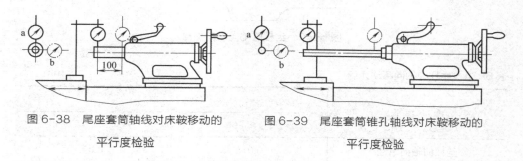

图 6-38　尾座套筒轴线对床鞍移动的　　　　图 6-39　尾座套筒锥孔轴线对床鞍移动的
　　　　　　平行度检验　　　　　　　　　　　　　　　平行度检验

（13）尾座套筒锥孔轴线对床鞍移动的平行度检验　如图 6-39 所示，允差见表 6-23。

表 6-23　尾座套筒锥孔轴线对床鞍移动的平行度允差　　　　　　　　　　　　　mm

检验项目		允　差	
		$D_a \leqslant 800$	$800 < D_a \leqslant 1250$
尾座套筒锥孔轴线对床鞍移动的平行度	在垂直面内（只允许向上偏）	在 300 测量长度上为 0.03	在 300 测量长度上为 0.05
	在水平面内（只允许向前偏）	在 300 测量长度上为 0.03	在 300 测量长度上为 0.05

检验时尾座的位置同检验尾座套筒轴线对床鞍移动的平行度，尾座套筒退入尾座孔内，并锁紧。在尾座套筒锥孔中插入检验棒，千分表固定在床鞍上，使其测头触及检验棒的表面，a 在垂直面内，b 在水平面内，移动床鞍检验。一次检验后，拔出检验棒，旋转 180° 后再插入尾座套筒锥孔中，重新检验一次。两次测量结果代数和的一半就是平行度误差。a、b 的误差分别计算。

当发现此项精度超差，而尾座套筒轴线对床鞍移动的平行度合格时，可以断定是尾座套筒制造精度超差。此时可拆下套筒，在磨床上重新修磨锥孔，以保证莫氏锥孔与外圆的同轴度。由于锥孔修磨变大,使某些工具的锥柄装入套筒锥孔太深,此时可在车床上将套筒外露端相应车短一段。

（14）丝杠的轴向窜动检验　如图6-40所示,允差见表6-24。

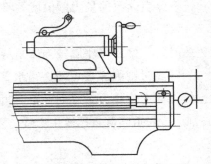

图6-40　丝杠的轴向窜动检验

表6-24　丝杠的轴向窜动允差　　　　　　　　　　　　　　　　　　　　　　　mm

检验项目	允　差	
	$D_a \leq 800$	$800 < D_a \leq 1250$
丝杠的轴向窜动	0.015	0.02

固定千分表,使其测头触及丝杠尾端中心孔内的钢球(钢球用润滑脂粘牢)。在丝杠的中段处闭合开合螺母,旋转丝杠检验。注意,有托架的丝杠应在装有托架的状态下检验。千分表读数的最大差值就是丝杠的轴向窜动误差。正、反转均应检验,但由正转换到反转时的游隙不计入误差内。

如本项精度超差,可调节进给箱丝杠传动轴上的推力轴承锁紧螺母。如果调整后精度仍不见好转,可更换新的推力轴承。

（15）由丝杠产生的螺距累积误差检验　允差见表6-25。

表6-25　由丝杠产生的螺距累积误差的允差　　　　　　　　　　　　　　　　　mm

检验项目	允　差	
	$D_c \leq 2000$	$D_c > 2000$
由丝杠产生的螺距累积误差	在任意300测量长度内为0.04	最大工作长度每增加1000,允差增加0.005,最大允差0.05
	在任意60测量长度内为0.015	

将长度不小于300mm的标准丝杠装在主轴与尾座的两顶尖之间。电传感器固定在刀架上,使其触头触及螺纹的侧面,通过丝杠传动移动床鞍进行检验。电传

感器在任意 300mm 和任意 60mm 测量长度内读数的最大差值，就是丝杠所产生的螺距累积误差。

如果本项精度超差，可对纵向丝杠进行修复，重配开合螺母，也可更换新丝杠。

3. 铣床几何精度的检验

在检验铣床精度前，需将机床安放在适当的基础上，垫好调整垫铁并调整好机床的安装水平。把工作台移到中间位置，在工作台台面上的中间位置放两个水平仪 a 和 b（水平仪 a 与 T 形槽平行，水平仪 b 与 T 形槽垂直）。找正机床水平，水平仪 a 和 b 的读数都不允许超过 0.04mm/1000mm。下面以 X62W 型卧式万能铣床为例，对铣床几何精度测量方法和要求分别进行介绍（见表 6-26）。

表 6-26　铣床几何精度测量方法和要求

检验项目	测量方法和要求
工作台台面平面度	①检验方法：在工作台台面上，按图示规定的方向，放两个高度相等的量块，在量块上放一平尺，用塞尺检验工作台台面和平尺检验面之间的间隙 ②允差：在 1m 长度上为 0.03mm（工作台台面只允许凹）
工作台纵、横向移动的垂直度	①检验方法：把角尺卧放在工作台台面上，使角尺的一个检验面和工作台横向平行，将千分表固定在机床上，使千分表测头顶在角尺的另一个检验面上，纵向移动工作台检验 千分表读数的最大差值就是垂直度误差。检验时，升降台应夹紧。也可先使角尺一个检验面与工作台纵向平行，然后横向移动工作台检验 ②允差：在 300mm 的测量长度上为 0.02mm
工作台纵向移动对工作台台面的平行度	①检验方法：在工作台台面上，放两个高度相等的量块，和工作台纵向平行，在量块上放一平尺，将千分表固定在机床上，使千分表测头顶在平尺检验面上，纵向移动工作台检验 千分表读数的最大差值就是平行度误差。检验时，升降台和横滑板都要夹紧 ②允差：在全部行程上≤300mm 为 0.015mm，＞300mm 且≤500mm 为 0.02mm，＞500mm 且≤1000mm 为 0.03mm，＞1000mm 为 0.04mm
工作台横向移动对工作台台面的平行度	①检验方法：在工作台台面上，放两个高度相等的量块，和工作台横向平行，在量块上放一平尺，将千分表固定在机床上，使千分表测头顶在平尺检验面上，横向移动工作台检验 千分表读数的最大差值就是平行度误差。检验时，升降台应夹紧 ②允差：在全部行程上≤300mm 为 0.02mm，＞300mm 为 0.03mm
工作台中央 T 形槽侧面对工作台纵向移动的平行度	①检验方法：将千分表固定在机床上，使千分表测头顶在中央 T 形槽的侧面上（或顶在一个专用滑块的检验面上，此滑块的凸缘紧靠在中央 T 形槽的一个侧面上），纵向移动工作台检验 千分表读数的最大差值就是平行度误差。中央 T 形槽的两个侧面都要检验 ②允差：在全部行程上≤300mm 为 0.02mm；＞300mm 且≤500mm 为 0.03mm，＞500mm 且≤1000mm 为 0.035mm，＞1000mm 为 0.04mm

检验项目	测量方法和要求
主轴的轴向窜动	①检验方法：在主轴锥孔中紧密地插入一根短检验棒，将千分表固定在机床上，使千分表测头顶在检验棒中心孔内的钢球表面上，旋转主轴检验 千分表读数的最大差值就是轴向窜动的数值 ②允差：主轴前轴颈直径≤80mm 为 0.01mm；>80mm 为 0.015mm
主轴轴肩支承面的端面圆跳动	①检验方法：将千分表固定在机床上，使千分表测头顶在主轴轴肩支承面靠近边缘的地方，旋转主轴，分别在相隔180°的两点检验，两点误差分别计算 千分表两次读数的最大差值就是支承面端面圆跳动的数值 ②允差：在全部行程上≤50mm 为 0.015mm，>50mm 且≤80mm 为 0.02mm；>80mm 为 0.025mm
主轴锥孔中心线的径向圆跳动	①检验方法：在主轴锥孔中紧密地插入一根检验棒，将千分表固定在机床上，使千分表测头顶在检验棒的表面上，旋转主轴，分别在靠近主轴端面的 a 处和距离 a 处 L 长度的 b 处检验 千分表读数的最大差值就是径向圆跳动的数值 ②允差：测量长度 L=150mm，a 处 0.01mm，b 处 0.015mm；L=300mm，a 处 0.01mm，b 处 0.02mm
主轴定心轴颈的径向圆跳动	①检验方法：将千分表固定在机床上，使千分表测头顶在主轴定心轴颈的表面上，旋转主轴检验 千分表读数的最大差值就是径向圆跳动的数值 ②允差：主轴前轴颈直径≤50mm 为 0.01mm；>50mm 为 0.02mm
主轴回转中心线对工作台中央 T 形槽的垂直度	①检验方法：在主轴锥孔中紧密地插入一根角形表杆，将千分表固定在表杆上。使千分表的测头顶在一个专用滑块的检验面上，此滑块的凸缘紧靠在中央 T 形槽一端的一侧，旋转主轴，把滑块移到中央 T 形槽另一端的同侧进行检验 千分表在两端读数的最大差值就是垂直度误差。中央 T 形槽的两侧面都要检验 ②允差：在两端之间，距离 300mm 的测量长度上为 0.02mm
主轴回转中心线对工作台台面的平行度	①检验方法：在主轴锥孔中紧密地插入一根检验棒，工作台上放一个带千分表的表座，使千分表测头顶在检验棒的上母线上。垂直于检验棒中心线移动千分表表座，在靠近主轴端的 a 处，和距 a 处 L 长度的 b 处检验。测量结果分别以千分表最大读数差计算。然后，将主轴旋转 180°，再同样检验一次 两次测量结果代数和的一半就是平行度误差。检验时工作台和横滑板都要夹紧 ②允差：测量长度 L=150mm 为 0.02mm；L=300mm 为 0.03mm（检验棒伸出的一端只允许向下偏）

检验项目	测量方法和要求
升降台移动对工作台台面的垂直度	①检验方法：在工作台的中央放一个角尺，使角尺和T形槽平行（a处），再使角尺和T形槽垂直（b处）。将千分表固定在机床上，使千分表测头顶在角尺检验面上，移动升降台检验，a、b两处误差分别计算 千分表读数的最大差值就是垂直度误差 ②允差：测量长度L=150mm，a处为0.015mm，b处为0.02mm；L=300mm，a处为0.02mm，b处为0.03mm（在垂直于T形槽的平面内，角尺上端只允许向床身偏）
悬梁导轨对主轴中心线的平行度	①检验方法：在主轴锥孔中紧密地插入一根检验棒，在悬梁导轨上套一个专用支架将千分表表座固定，使千分表测头分别顶在检验棒的上母线上和侧母线上。移动支架，分别在上母线上（a处）和侧母线上（b处）检验 a和b两处的测量结果，分别以千分表读数的最大差值表示。然后将主轴旋转180°，再同样检验一次 a、b两处的误差分别计算，两次测量结果代数和的一半就是平行度误差 ②允差：测量长度L=150mm为0.015mm；L=300mm为0.025mm
刀杆支架孔对主轴中心线的同轴度	①检验方法：在刀杆支架孔和主轴锥孔中分别插入一根检验棒，将千分表固定在主轴锥孔中的检验棒上，使千分表测头顶在支架孔中的检验棒表面上，旋转主轴检验 千分表读数最大差值的一半就是同轴度误差。检验时，悬梁和支架都要夹紧 ②允差：测量长度L=150mm为0.02mm；L=300mm为0.03mm
工作台中央T形槽对主轴中心线的对称度	①检验方法：在主轴锥孔中紧密地插入一根检验棒。将工作台旋转90°，使中央T形槽平行于主轴中心线。在工作台上放一专用平板，此平板的凸缘紧靠在工作台中央T形槽的侧面上。在平板上固定一个带千分表的表座，使平板分别紧靠在中央T形槽左右两侧面检验 千分表两次读数最大差值的一半就是对称度误差 ②允差：0.15mm

二、数控机床维修质量的检验

数控机床维修质量的检验主要包括数控设备性能的检查和数控机床维修后精度的检验两个方面。

1. 数控设备性能的检查

随着数控技术日趋完善，数控设备的功能越来越多样化，在单机基本配置的基础下，可以有多项选择。下面以一台相对复杂的立式加工中心为例，说明数控设备装配后一些主要应检项目（见表6-27）。

表 6-27　数控设备性能的检查

项目	说　明
主轴系统	①用手动方式选择高、中、低三种主轴转速，连续执行五次正转和反转的启动和停止动作，检查主轴动作的灵活性和可靠性 ②用数据输入方式，逐步从主轴的最低转速到最高转速，进行变速和启动，实测各种转速值，一般允差为定值的 10% 或 15%，同时观察主轴在各种转速时有否异音，观察主轴在高速时主轴箱振动情况，主轴在长时间高速运转后（一般为 2h）温度变化情况 ③主轴准停装置连续操作五次，检验其动作可靠性和灵活性 ④一些主轴附加功能的检验，如主轴刚性攻螺纹功能、主轴刀柄内冷却功能、主轴转矩自测定功能（用于适应控制要求）等
进给系统	①分别对各运动坐标进行手动操作，检验正、反方向的低、中、高速进给和快速驱动的启动、停止及点动等动作的平稳性和可靠性 ②用数据输入方式测定 G00 和 G01 方式下各种进给速度，并验证操作面板上倍率开关是否起作用
自动刀具交换系统	①检查自动刀具交换动作的可靠性和灵活性，包括手动操作及自动运行时刀库满负荷条件下（装满各种刀具）的运动平稳性、机械抓取最大允许重量刀具时的可靠性及刀库内刀号选择的准确性等。检验时，应检查自动刀具交换系统操作面板各手动按钮功能，逐一呼叫刀库上各刀号，如有可能逐一分解操纵自动换刀单段动作，检查各单段动作质量（动作快速、平稳、无明显撞击、到位准确等）。 ②检验自动交换刀具的时间，包括刀具纯交换时间、离开工件到接触工件的时间，应符合设备说明书规定
机床噪声	机床噪声标准已有明确规定，测定方法也可查阅有关标准。一般数控机床由于大量采用电调速装置，运行的主要噪声已由普通机床上较多见的齿轮啮合噪声转移到主轴电机的风扇噪声和液压油泵噪声。总体来讲，数控机床要比同类普通机床的噪声小，要求噪声不能超过标准规定（一般为 80dB）
机床电气装置	在试运转前后分别进行一次绝缘检查，检查机床电气柜接地线质量、绝缘的可靠性、电气柜清洁和通风散热条件
数控装置	检查数控柜内外各种指示灯、输入输出接口、操作面板各开关按钮功能、电气柜冷却风扇和密封性是否正常可靠，主控单元到伺服单元、伺服单元到伺服电机各连接电缆的连接可靠性。外观质量检查后，根据数控系统使用说明书，用手动或程序自动运行方法检查数控系统主要使用功能的准确性及可靠性 数控机床功能的检查不同于普通机床，必须在机床运行程序时检查有没有执行相应的动作，因此检查者必须了解数控机床功能指令的具体含义，及在什么条件下才能在现场判断机床是否准确执行了指令
安全保护	数控机床作为一种自动化机床，必须有严密的安全保护措施。安全保护在机床上分两大类：一类是极限保护，如安全防护罩、机床各运动坐标行程极限保护自动停止功能、各种电压电流过载保护、主轴电机过热超负荷紧急停止功能等；另一类是为了防止机床上各运动部件互相干涉而设定的限制条件，如卧式机床上为了防止主轴降得太低时撞击到工作台台面，设定了 Y 轴和 Z 轴干涉保护，即该区域都在行程范围内，单轴移动可以进入此区域，但不允许同时进入。保护措施可以有机械装置（如限位挡块、锁紧螺钉）、电气限位（以限位开关为主）、软件限位（在软件参数上设定限位参数）

项目	说　明
润滑装置	各机械部件的润滑分为脂润滑和油润滑。脂润滑部位如滚珠丝杠螺母副的丝杠与螺母、主轴前轴承等。这类润滑一般在机床出厂一年以后才考虑清洗更换。机床验收时主要检查自动润滑油路的工作可靠性，包括定时润滑是否能按时工作，关键润滑点是否能定量出油，油量分配是否均匀，检查润滑油路各接头处有无渗漏等
气液装置	检查压缩空气源和气路有无泄漏以及工作的可靠性，如气压太低时有无报警显示、气压表和油水分离装置等是否完好、液压系统工作噪声是否超标、液压油路密封是否可靠、调压功能是否正常等
附属装置	检查机床各附属装置的工作可靠性。一台数控机床常配置许多附属装置，在新机床验收时对这些附属装置除了一一清点数量之外，还必须检验其功能是否正常，如冷却装置能否正常工作，排屑器的工作质量，冷却防护罩在大流量冲淋时有否泄漏，APC（高级过程控制）工作台是否正常，在工作台上加上额定负载后检查工作台自动交换功能，配置的接触式测头和刀具长度检测装置能否正常工作，相关的测量宏程序是否齐全等
机床工作可靠性	判断一台新数控机床综合工作可靠性的最好方法，就是使机床长时间无负荷运转，一般可运转24h。数控机床在出厂前，生产厂家都进行了24～72h的自动连续运行考机，用户在进行机床验收时，没有必要花费如此长的时间进行考机，但考虑到机床托运及重新安装的影响，进行8～16h的考机还是很有必要的。实践证明，机床经过这种检验投入使用后，很长一段时间内都不会发生大的故障 在自动运行考机之前，必须编制一个功能比较齐全的考机程序，该程序应包含以下各项内容： ①主轴运转应包括最低、中间、最高转速在内的五种以上的转速，而且应包含正转、反转及停止等动作 ②各坐标轴方向运动应包含最低、中间和最高速度进给及快速移动，进给移动范围应接近全行程，快速移动距离应在各坐标轴全行程的1/2以上 ③一般编程常用的指令尽量都要用到，如子程序调用、固定循环、程序跳转等 ④如有自动换刀功能，至少应交换刀库中2/3以上的刀具，而且都要装上中等以上重量的刀具进行实际交换 ⑤配置的一些特殊功能应反复调用，如APC和用户宏程序等

2. 数控机床精度的检验

数控机床精度分为几何精度、定位精度和切削精度三类。

（1）几何精度检验　数控机床的几何精度检验，又称静态精度检验。几何精度综合反映机床的各关键零件及其组装后的几何形状误差。数控机床的几何精度检验和普通机床的几何精度检验在检测内容、检测工具及检测方法上基本类似，只是检测要求更高。每项几何精度的具体检测方法见各机床的检测条件及标准，但检测工具的精度等级必须比所测的几何精度高一个等级，否则测量的结果将是不可信的。

下面是一台普通立式加工中心几何精度检验的主要项目。

① 工作台的平面度。

② 沿各坐标轴方向移动的相互垂直度。

③ 沿 X 坐标轴方向移动时工作台台面 T 形槽侧面的平行度。

④ 沿 Y 坐标轴方向移动时工作台台面 T 形槽侧面的平行度。

⑤ 沿 Z 坐标轴方向移动时工作台台面 T 形槽侧面的平行度。

⑥ 主轴的轴向窜动。

⑦ 主轴锥孔的径向圆跳动。

⑧ 主轴回转中心线对工作台台面的垂直度。

⑨ 主轴箱沿 Z 坐标轴方向移动的直线度。

⑩ 主轴箱沿 Z 坐标轴方向移动时主轴中心线的平行度。

卧式机床要比立式机床多几项与平面转台有关的几何精度。

第一类是对机床各大运动部件如床身、主柱、主轴等运动的直线度、平行度、垂直度的要求；第二类是对执行切削运动主要部件如主轴的自身回转精度及直线运动（切削运动中进刀）精度的要求。这些几何精度综合反映了机床机械坐标系的几何精度，以及执行切削运动的部件主轴的几何精度。

工作台台面及台面上 T 形槽相对机械坐标系的几何精度要求，反映了数控机床加工中的工件坐标系对机械坐标系的几何关系，因为工作台台面及定位基准 T 形槽都是工件定位或工件夹具定位的基准，加工工件用的工件坐标系往往都以此为基准。

几何精度检测对机床地基有严格要求，必须在地基及地脚螺栓的固定混凝土完全固化后才能进行。精调时先要把机床床身调到较精密的水平面，然后再调其他部分的几何精度。考虑到初期基础不够稳定，一般要求在使用几个月到半年后再精调一次机床水平。有些几何精度项目是互相关联的，如立式加工中心 Y 轴和 Z 轴方向的垂直度误差，因此对数控机床的各项几何精度检测工作应在精调后一气呵成，不允许检测一项调整一项，分别进行，否则会由于调整后一项几何精度而把已检测合格的前一项精度调成不合格。

在检测工作中，要注意尽可能消除检测工具和检测方法的误差，如检测主轴回转精度时检验芯棒自身的振摆和弯曲等误差，在表架上安装千分表时由表架刚性带来的误差，在测头的抬头位置和低头位置的测量数据误差等。机床的几何精度在机床处于冷态和热态时是不同的，应按国家标准的规定即在机床稍有预热的状态，例如使主轴按中等转速运转几分钟后再进行检测。

（2）定位精度检验　数控机床定位精度是指机床各坐标轴在数控系统控制下运动所能达到的位置精度。数控机床的定位精度又可以理解为机床的运动精度。普通机床由手动进给，定位精度主要取决于读数误差，而数控机床的运行是靠程序指令实现的，故定位精度决定于数控系统和机械传动误差。机床各运动部件的运动是在数控装置的控制下完成的，各运动部件在程序指令控制下所能达到的精度直接反映加工零件所能达到的精度，因此定位精度是一项很重要的检测内容。

定位精度检验方法见表 6-28。

表 6-28　定位精度检验方法

项目	说　明
直线运动定位精度	一般在机床空载条件下进行，常用检测方法如图 6-41 所示。也可采用标准尺进行比较测量，其检测精度可控制到 0.004 ～ 0.005mm/1000mm。激光检测精度可比标准尺检测提高一倍 机床运行时正、反向定位精度曲线由于综合原因，不可能完全重合，甚至出现图 6-42 所示的几种情况。平行形曲线即正向曲线和反向曲线在垂直坐标上很均匀地拉开一段距离，这段距离反映了该坐标的反向间隙，可用数控系统间隙补偿功能修改间隙补偿值来使正、反向曲线接近。交叉形与喇叭形曲线都是由于被测坐标轴上各段反向间隙不均匀造成的，例如滚珠丝杠在行程内各段的间隙、过盈不一致和导轨副在行程内各段负载不一致等 测定的定位精度曲线还与环境温度和轴的工作状态有关。目前大部分数控机床都是半闭环的伺服系统，它不能补偿滚珠丝杠热伸长，热伸长能使在 1m 行程上相差 0.01 ～ 0.02mm。为此，有些机床采用预拉伸丝杠的方法，来减少热伸长的影响
直线运动重复定位精度	检测重复定位精度用的仪器与检测定位精度所用的仪器相同。一般检测方法是在靠近各坐标行程的中点及两端的任意三个位置进行测量，每个位置用快速移动定位，在相同的条件下重复进行七次定位，测出停止位置的数值并求出读数的最大差值。以三个位置中最大差值的 1/2 附上正负符号，作为该坐标的重复定位精度，它是反映轴运动精度稳定性的最基本指标
直线运动各轴机械原点的复归精度	各轴机械原点的复归精度实质上是该坐标轴上一个特殊点的重复定位精度，其测量方法与重复定位精度相同
矢动量	矢动量的测定方法是在所测量坐标轴的行程内，预先向正向或反向移动一个距离并以此停止位置为基准，再在同一方向上给予一个移动指令值，使之移动一段距离，然后再向相反方向上移动相同的距离。测量停止位置与基准位置之差，如图 6-43 所示。在靠近行程中点及两端的三个位置上分别进行多次（一般为七次）测定，求出各位置上的平均值，以所得平均值中的最大值为矢动量测定值 矢动量是进给传动链上驱动部件（如伺服电机等）的反向死区，是各机械运动传动副的反向间隙和弹性变形等误差的综合反映。此误差越大，则定位精度和重复定位精度也越差

项目	说　明
回转运动精度的测定	回转运动各项精度的测定方法与上述各项直线运动精度的测定方法相似，用于回转精度的测定仪器是标准转台、平行光管（准直仪）等，考虑到实际使用要求，一般对 0°、90°、180°、270° 等几个直角等分点进行重点测量，要求这些点的精度较其他角度位置精度提高一个等级

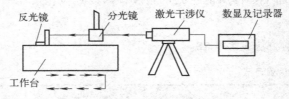

图 6-41　直线运动定位精度检测

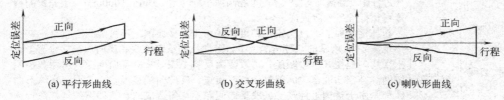

(a) 平行形曲线　　　　　(b) 交叉形曲线　　　　　(c) 喇叭形曲线

图 6-42　几种不正常的定位精度曲线

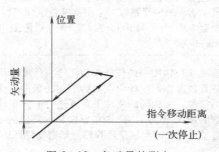

图 6-43　矢动量的测定

（3）切削精度检验　机床切削精度检验实质是对机床的几何精度与定位精度在切削条件下的综合考核。一般来讲，进行切削精度检查的加工，可以是单项加工或加工一个标准的综合性试件。对于加工中心，主要单项精度有下面几个：镗孔精度；端面铣刀铣削平面的精度（X/Y 平面）；镗孔的孔距精度和孔径分散度；直线铣削精度；斜线铣削精度；圆弧铣削精度。对于卧式机床，还有箱体掉头镗孔同轴度、水平转台回转 90° 铣四方加工精度。

镗孔精度检验如图 6-44（a）所示。这项精度与切削时使用的切削用量、刀具材料、切削刀具的几何角度等都有一定的关系。主要是考核机床主轴的运动精度及低速走刀时的平稳性。在现代数控机床中，主轴都装配有高精度带有预加载荷的成组滚动轴承，进给伺服系统带有摩擦因数小和灵敏度高的导轨副及高灵敏度的驱动部件，所以这项精度一般都不成问题。

图 6-44（b）所示为精调过的多齿端面铣刀精铣平面的方向，端面铣刀铣削平面的精度主要反映 X 轴和 Y 轴两轴运动的平面度及主轴中心对 XY 运动平面的垂直度（直接在台阶上表现）。一般精度的数控机床的平面度和台阶差在 0.01mm 左右。

镗孔的孔距精度和孔径分散度检验按图 6-44（c）所示进行，以快速移动进给定位精镗四个孔，测量各孔的 X 坐标和 Y 坐标，以实测值和指令值之差的最大值作为孔距精度测量值。对角线方向的孔距可由各坐标方向的坐标值经计算求得，或各孔插入配合紧密的检验棒后，用千分尺测量对角线距离。孔径分散度由在同一深度上各孔 X 坐标方向和 Y 坐标方向的直径最大差值求得。一般数控机床 X、Y 坐标方向的孔距精度为 0.02mm，对角线方向孔距精度为 0.03mm，孔径分散度为 0.015mm。

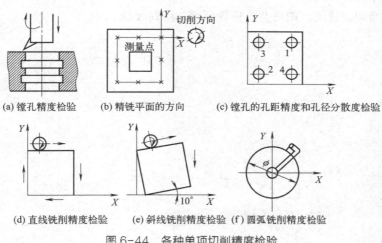

(a) 镗孔精度检验　(b) 精铣平面的方向　(c) 镗孔的孔距精度和孔径分散度检验

(d) 直线铣削精度检验　(e) 斜线铣削精度检验　(f) 圆弧铣削精度检验

图 6-44　各种单项切削精度检验

直线铣削精度的检验，可按图 6-44（d）所示进行。由 X 坐标及 Y 坐标分别进给，用立铣刀侧刃精铣工件周边。测量各边的垂直度、对边平行度、邻边垂直度和对边距离尺寸差。这项精度主要考核机床各向导轨运动的几何精度。

斜线铣削精度检验如图 6-44（e）所示，用立铣刀侧刃精铣工件周边，它是用同时控制 X 和 Y 两个坐标来实现的。该精度可以反映两轴直线插补运动品质特性。进行这项精度检查时，有时会发现在加工面上（两直角边上）出现一边密一边稀的很有规律的条纹，这是由于两轴联动时，其中一轴进给速度不均匀造成的。这可以通过修调该轴速度控制和位置控制回路来解决。少数情况下，也可能是负载变化不均匀造成的。导轨低速爬行、机床导轨防护板不均匀摩擦及位置检测反馈元件传动不均匀等也会造成上述条纹。

圆弧铣削精度检验是用立铣刀侧刃精铣图 6-44（f）所示的外圆表面，然后在圆度仪上测出圆度曲线。一般加工中心类机床铣削 $\phi200 \sim 300\text{mm}$ 工件时，圆度可达 0.03mm 左右，表面粗糙度可达到 $Ra3.2\mu\text{m}$ 左右。

在试件测量中常会遇到图 6-45 所示的情况。

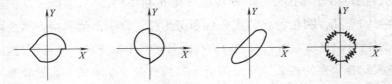

图 6-45　有质量问题的铣圆图形

对于两半错位的图形一般可以通过适当地改变数控系统矢动量的补偿值或修调该坐标的传动链来解决。出现斜椭圆是由于两坐标实际系统误差不一致造成的，可通过适当调整速度反馈增益、位置环增益得到改善。

第七章

机械设备的维修管理与维修准备

第一节 机械设备的维修性指标和维修管理

一、维修性指标

1. 维修性、维修度的概念

维修性是指产品在规定条件下和规定的时间内，按规定的程序和方法进行维修时，保持或恢复到规定状态的能力。它反映了设备是否适于通过维护和修理的手段预防故障、查找其原因和消除其后果的性质。

维修性的概率度量称为维修度，它是定量度量维修性的指标。评价维修性的主要参数是维修的速度，即维修与由发生故障到恢复正常状态所花费的时间有关。由于故障的原因、发生的部位以及设备所处的具体环境不同，维修所需的时间是一个随机变量，因而给出一个描述维修时间的概率分布的尺度，即维修度来表示维修性。维修度是指产品在规定条件下和规定的时间内，按规定的程序和方法进行维修时，保持或恢复到规定状态的概率。设时间 t 为规定的维修时间，τ 为实际维修所用的时间，维修度 $M(t)$ 就是在 $\tau \leqslant t$ 时间内，完成维修的概率。

$$M(t) = P(\tau \leqslant t) = \int_0^t m(t)\mathrm{d}t$$

$M(t')$ 是递增函数，随规定的维修时间 t 的增加而增大。显然，当 $t=0$ 时，即发生故障尚未维修，$M(t)=0$；$t \to \infty$ 时，即维修时间接近无限大，$M(t)=1$，全部修好。在一定的时间内，维修度大说明维修的速度快；反之，维修速度慢。当维修同一种设备时，亦即维修性水平一定时，维修度也常用来评定维修的管理和技术水平。

2. 维修性评定常用指标

维修性评定常用指标见表 7-1。

表 7-1 维修性评定常用指标

项目	说　明
工时	常用的工时指标有四个： ①设备或系统每运行一小时的维修工时（工时 /h），又称维修性指数 MI $$MI = \frac{平均维修工时}{平均无故障工作时间}$$ ②设备或系统每运行一个月的维修工时（工时 / 月） ③设备或系统每运行一个周期的维修工时（工时 / 周期） ④设备或系统每项维修措施的维修工时（工时 / 项）

项目	说　　明
维修频率	它关系到能否使设备或系统对维修的要求减少到最低限度。可靠性指标MTBF（平均无故障工作时间）和λ（故障率）是确定事后维修频率的依据 预防维修可以减少故障的发生、降低事后维修频率，但如果对预防维修控制不当，不但使维修费用增加，也会在预防维修过程中留下故障隐患。因此，事后维修和预防维修之间应适当平衡 维修频率指标有平均维修间隔时间和平均更换间隔时间
维修费用	对于许多设备来说，维修费用在寿命周期费用中占的比重是很大的。设备维修性设计的最终目标是以最低的费用来完成维修工作。维修费用指标常用的有以下五个，可根据具体情况选用： ①每项维修措施的费用 ②设备或系统每运行一小时的维修费用 ③每月的维修费用 ④每项任务或任务中每个部分的维修费用 ⑤维修费用占寿命周期费用的比率

3. 影响维修性的主要因素

维修性是设备或系统的一项固有的设计特性，它关系到维修工作效率、维修质量以及维修费用等各项指标。为了满足对维修性的要求，根据研究工作、工艺试验和现场试验的成果，在设备的设计方面编制了有关的指导准则，主要有以下几个方面。

① 设备的总体布局和结构设计，应使设备各部分易于检查，便于维护和修理。

② 良好的可达性。可达性指在维修时，能够迅速方便地进入和容易看到所需维修的部位，并能用手或工具直接操作的性能。可达性可分为安装场所的可达性、设备外部的可达性和机器内部的可达性。在考虑可达性时有两条原则：一是要设置便于检查、测试、更换等维修操作的通道；二是要有合适的维修操作空间。

③ 部件和连接件易拆易装，特别是在日常维修中要拆卸的那些部件，易损件要便于迅速更换。采用标准化、互换性和通用化的零部件、整体式安装单元（模块化）以及设置定位装置和识别标志，配备适合的专用拆装工具等，都有利于该目标的实现。

④ 简化维修作业，方便维修，包括尽可能减少维修次数和一般技术水平的工人即可完成维修工作。

⑤ 设备上应配置测定输出参数的仪表和检测点，以便及时发现故障和对技术状态进行诊断。

⑥ 零部件的无维修设计。不需维修的零部件主要有：不需润滑的，如固定关节、预封轴承、自润滑性能的合金轴承、塑料轴承等；不需调整的，如利用弹簧

张力或液压等自调制动闸等。另外，可将零部件设计为具有一定寿命的，到时就予以报废处理。

二、维修管理

1. 维修原则与制度

（1）维修原则　在机械设备维修工作中，正确地确定失效零件是修复还是更换，将直接影响设备维修的质量、内容、工作量、成本、效率和周期等，它由很多因素决定，处理前必须进行一定的技术经济分析。

① 确定零件修复或更换应考虑的因素，具体见表7-2。

表7-2　确定零件修复或更换应考虑的因素

项目	说　　明
零件对设备精度的影响	零件磨损后影响设备精度，如机床主轴、轴承、导轨等基础件磨损将使被加工零件质量达不到要求，这时应修复或更换。一般零件的磨损未超过规定公差时，估计能使用到下一修理周期者可不更换；估计用不到下一修理周期或会对精度产生影响而拆卸不方便的，则应考虑修复或更换
零件对完成预定使用功能的影响	零件不能完成预定的使用功能时，如离合器失去传递动力的作用，凸轮机构不能保证预定的运动规律，液压系统不能达到预定的压力和压力分配等，均应考虑修复或更换
零件对设备性能和操作的影响	零件虽能完成预定的使用功能，但影响了设备的性能和操作时，如齿轮传动噪声增大、效率下降、平稳性变差，运动部件运动阻力增大、启动和停止不能准确到位，零件间相互位置产生偏移等，均应考虑修复或更换
零件对生产率的影响	零件损伤或变形后致使设备的生产率下降，如机床导轨磨损、配合表面碰伤、丝杠副磨损和弯曲等，使机床不能满负荷工作，应按实际情况决定修复或更换
零件本身强度和刚度的变化	零件强度或刚度大幅下降，继续使用可能会引起严重事故，这时必须修复或更换；重型设备的主要承力件，发现裂纹必须更换；一般零件，由于磨损加重，间隙增大，而导致冲击载荷加重，从强度角度考虑应予以修复或更换
零件使用条件的恶化	零件继续使用可引起生产率大幅下降，甚至出现磨损加剧，工作表面严重发热或者出现剥蚀等，最后引起卡死或断裂等事故，这时必须修复或更换，如渗碳或氮化的主轴支承轴颈磨损，失去或接近失去硬化层，就应修复或更换

在确定失效零件是否应修复或更换时，必须首先考虑零件对整台设备的影响，然后考虑零件能否保证其正常工作。

② 修复零件应满足的要求。在保证设备精度的前提下，失效的机械零件能够

修复的应尽量修复，要尽量减少更换新件。一般来讲，对失效零件进行修复，可节约材料、减少配件的加工、减少备件的储备，从而降低维修成本和缩短维修时间，但修复零件应满足表 7-3 所列各项要求。

表 7-3　修复零件应满足的要求

项目	说　明
准确性	零件修复后，必须恢复零件原有的技术要求，包括零件的尺寸公差、形位公差、表面粗糙度、硬度和其他技术条件等
可能性	维修工艺是选择维修方法或决定零件修复、更换的重要因素。一方面应考虑现有的维修技术水平，能否保证维修后达到零件的技术要求；另一方面应不断改进维修工艺
可靠性	零件修复后的耐用度至少应能维持一个修理间隔期
安全性	修复的零件必须恢复足够的强度和刚度，必要时要进行强度和刚度验算，如轴颈修磨后外径减小，轴套镗孔后孔径增大，都可能使零件的强度与刚度不能满足设备的要求
时间性	失效零件采取修复措施，其修理周期一般应比重新制造周期短，否则应考虑更换新件，除非一些大型、精密的重要零件，一时无法更换新件的，尽管修理周期长些，也只能采取修复方式
经济性	决定失效零件是修复还是更换，还应考虑维修的经济性，要同时比较修复、更换的成本和使用寿命，当修复成本低于新制件成本时，应考虑修复，以便在保证维修质量的前提下降低维修成本

（2）维修制度　机械设备的维修制度是指在科学的维修思想指导下，选择一定的维修方式作为管理依据，为保证取得最优技术效果而采取的一系列组织、技术措施的总称。它包括维修计划、维修类别、维修方式、维修等级、维修组织、维修考核指标体系等。它直接关系到机械设备的技术状态、可靠性、使用寿命和运行维修费用。

① 计划预防维修制。这是在掌握设备磨损和损坏规律的基础上，根据各种零件的磨损速度和使用极限，贯彻防重于治的原则，相应地组织保养和修理，以避免零件的过早磨损，防止或减少故障，延长设备的使用寿命，从而能较好地发挥设备的使用性能和降低使用成本。

计划预防维修制的具体实施可概括为"定期检查、按时保养、计划修理"。"定期检查、按时保养"是指检查和保养必须按规定的时间间隔严格地执行。它的内容包括清洁、润滑、紧固、调整、故障排除以及易损零件的检查、修理、更换等。它一方面是保证设备正常运转所必需的技术措施；另一方面也是一种可靠性检查，消灭了隐患，查明了设备的技术状态，使维修工作比较主动。

"计划修理"是指设备的维修是按计划进行的。设备维修分定期维修和检查后维修两类：定期维修即以维修间隔定维修日期，具体维修内容在维修时根据设备分解检查后的实际技术状态来确定；检查后维修按设备工作量编制维修计划，定期检查摸清设备的实际技术状态，参考维修间隔，确定出具体维修日期、维修类别和维修内容。

实施计划预防维修制需要具备以下条件：通过统计、测定、试验研究，确定总成、主要零部件的修理周期；根据总成、主要零部件的修理周期，结合考虑基础零件的维修，合理地划分维修类别；制定一套相应的维修技术定额标准；具备按职能分工、合理布局的维修基地。前面三项是必不可少的条件，也只有具备了这些条件，计划预防维修制的贯彻才能取得实际的效果。计划预防维修制的基础是一套定额标准，其核心是修理周期结构。修理周期的制定，是以零件的磨损规律为基础的，根据磨损规律拟定保养和维修计划。

计划预防维修制的主要缺点是较多从技术角度出发，经济性较差，因为定期维修常常会造成部分机件不必要的"过剩维修"。

②"以可靠性为中心"的维修制。这是以可靠性理论为基础的，鉴于一些复杂设备一般只有早期和偶然故障，而无耗损期，因此定期维修对许多故障是无效的。现代机械设备的设计，只使少数项目的故障对安全有危害，因而应按各部分机件的功能以及功能故障、故障原因和故障后果来确定需做的维修工作。

逻辑分析决断法根据对重要维修项目逐项分析其可靠性特点及发生功能故障的影响来确定应采用的维修方式。逻辑分析决断法分为以下三个步骤：第一步是鉴定重要维修项目，它是以项目的功能故障对设备整体的影响为准的，凡会产生严重影响的应定为重要项目，严重影响是指故障会影响安全，工作质量明显下降，使用或维修费用昂贵等，鉴定是从高层（如发动机）自上而下地进行，到某一层的项目其故障影响不严重了，那么从它起以下的项目就不需要进行分析了；第二步是列出每个重要维修项目的所有功能、功能故障、故障影响和故障原因；第三步是列出每个重要维修项目的所有功能故障所要求做的工作。根据分析结果制定机械设备的维修项目、内容、方式、方法和等级。

实行"以可靠性为中心"的维修制应具备以下条件：有充分的可靠性试验数据、资料和作为判别机件状态的依据；要求产品设计制造部门和维修部门密切配合制定产品的维修大纲；具备必要的检测手段和标准。

③点检定修制。要实现设备维修管理现代化，推行点检定修制同样也是一项极为重要的措施。具体见表7-4。

表 7-4　点检定修制

项目	说　　明
点检制	就是对设备进行定时、定项、定点、定人、定量的检查，对设备运行进行监督，建立记录档案，及时了解设备的性能和劣化程度，并依靠经验和统计，判断设备劣化倾向，从而制定经济的检修计划，实行预防维修和预知维修 　　点检制是一种完善的、科学的设备维修管理体制，是岗位人员、点检人员、维修人员三位一体的工作制度。岗位人员既负责设备操作，又采取巡回检查的方法进行日常点检。精密点检和专业点检由专门点检人员和维修人员分别负责，按计划进行点检。三种点检按不同的要求，有重点地进行，做到有限的、必要的重复点检，而不是大量的重复点检。点检的核心是点检人员，他们不同于维修人员，是经过特殊训练的专职人员。点检制从岗位操作到精密点检，在实行分级维护检查设备的同时，把技术诊断和倾向管理结合起来，实现了严肃的、完善的设备现代技术和设备科学管理方法的统一，是技术和管理的综合体 　　设备的点检根据点检的周期和方法，分为日常点检、定期点检、重点点检、总点检、精密点检和解体点检六种（见表 7-5）
定修制	就是每月按规定时间把设备停下来修理。定修的时间是固定的，每次定修时间一般不超过 16h，连续几天的定修称为年修。定修制与计划预防维修制的不同在于：定修制是由点检站提出检修项目，并组织实施；而计划预防维修制是由设备维修部门提出计划，由专门检修部门组织实施。定修制是根据点检的科学判断，使机器的零件磨损到极限之前进行更换

表 7-5　点检的周期和方法

项目	说　　明
日常点检	由岗位人员对所有设备在 24h 内不断进行巡回检查。这种点检占设备总点检量的 20% ～ 80%，是点检的基础。其目的是通过岗位人员的感官发现异常，排除小故障，不断维护保养设备，保证设备的正常运转
定期点检	由专业点检人员凭借感官和简易的仪器仪表，对重点设备进行定期详细点检，这种点检是点检工作的核心部分，比日常点检技术性强、难度大。它不仅靠经验，而且靠仪器仪表和倾向管理、技术诊断相配合进行点检。定期点检的主要目的是测定设备性能劣化程度，调整主要部位，保持规定的设备性能
重点点检	针对主要设备，不定期地将全部岗位人员集中起来，专门对一台设备进行一次比较彻底的点检。这种点检不仅是对设备彻底检查，更重要的是对岗位人员日常点检不完善处的良好补充
总点检	指对不同系统的设备不定期地进行一次由专业点检人员集中进行的检查，如对液压系统设备进行检查等
精密点检	指对比较关键的部位通过倾向管理的办法和技术诊断的手段进行的点检。这种点检由技术人员和点检人用仪器不定期地对设备的精度认真测定、分析，保持设备规定的功能与精度
解体点检	指对主要设备进行部分或全部解体，由安检人员与专职点检人员配合，一起对各主要零件的磨损、疲劳、损伤等状况进行定性、定量的检查

2. 维修计划管理

（1）维修计划的编制　维修管理中的一个重要环节就是编制维修计划，合理的维修计划有利于合理地安排人力、物力和财力，保证生产顺利进行，并能缩短维修间隔时间，减少维修费用和停机损失。编制维修计划是搞好维修管理、增强预见性、减少盲目性的有效措施。

维修计划的目标是以最低的资源费用使机械设备能在规定的寿命期间内，按规定的性能运行，并达到最大的可利用率。

设备维修与产品生产不同，它受机械技术状态、作业安排、意外故障的发生以及维修资源的供应情况等条件的制约，这些因素往往给维修计划的制定带来许多困难，因而维修计划比产品生产计划更具有随机性、不均衡性和复杂性。

编制设备维修计划要符合国家的政策、方针，要有充分的设备运行数据、可靠的资金来源，还要同生产、设计以及施工条件等相平衡。具体编制时要注意以下几个问题。

① 计划的形成要有牢固的实践基础，要根据设备检查记录，列出设备缺陷表，提出大修项目申请表报主管部门审核，最后形成计划。

② 严格区分设备大、中、小修界限，分别编制计划，并逐步制定设备的检修规程和通用维修规范。

③ 要处理好年度修理计划与长远维修计划之间的关系，设备维修计划与革新改造计划之间的关系，设备长远维修计划与生产计划之间的关系。

④ 设备维修计划的实施，必须依靠设计、施工、制造、物资供应等部门的配合，这是实现设备维修计划的技术物质基础。因此，在编制设备维修计划的过程中，应做好同这些部门的协调工作。

⑤ 编制维修计划要以科学的、先进的数据和信息为依据，如维修的周期、定额、修理复杂系数、备件更换和质量标准等。

编制设备维修计划是一项复杂的工作，必须统筹安排。可以运用网络技术编制维修计划，统筹全局，最优安排工作秩序，找出关键工序，从而达到缩短工期、节约人力和财力的目的。

（2）设备维修的排队模型　在设备维修工作中，当设备维修的到达速度超过维修平均速度时，会出现排队待修的现象；即使平均维修速度比设备维修的到达速度高，因设备维修到达间隔时间与维修时间的随机性，排队仍然是不可避免的。排队过长，设备停机损失大；若增添维修能力，除了要增加投资，还会因设备随机到达，造成人员、设备的空闲浪费。

为了解决上述问题，利用排队论的数学分析方法，定量地研究和分析设备维修排队系统的运行效率，估计维修服务的满足程度，确定系统参数的最优值，然后通过改变维修组数量和结构，修改排队规则，改变工作方法和维修装备，利用预防维修或无维修设计，降低维修任务输入速度等途径，提高维修服务的工作效率和总体经济效益。

设备维修的排队模型见表 7-6。

表 7-6　设备维修的排队模型

项目	说　明
维修排队系统	在研究设备维修排队问题时，按习惯把使用中的设备总体称为"顾客源"，将其中不能正常工作需排队维修的设备称为"顾客"，承担维修任务的组织、人员、设施则统称为服务机构。顾客由顾客源出发，到达服务机构，按一定的规则排队等待服务，服务结束后离去。排队规则和服务规则是说明顾客在排队系统中按怎样的规则、次序接受服务
维修任务的到达过程	任务到达过程包括顾客源、顾客到达方式、顾客相继到达间隔三个基本特征。仅就设备维修而言，顾客源可能是有限的，也可能是无限的。比如说，面向社会服务的修理厂的顾客源可以看作是无限的，而一个企业的修理车间的顾客源显然是有限的 由于设备发生故障是随机的，因而顾客到达的方式一般是单一的，但在总成换修和旧件修复中，顾客小批量到达的现象也是存在的 顾客相继到达的间隔时间有确定型的，也有随机型的。按计划预防维修制强制保养维修的设备，其到达的间隔时间近似为确定型，但更多的是随机型

在排队系统中，顾客按一定的规则按顺序等待和接受服务，与维修有关的规则如下：

	类别	说　明
维修排队规则	等待制	顾客到达时，所有的服务台均被占用，顾客被迫排队等待，直到最终接受服务。在等待制中最常见的服务规则是按照排队的顺序，先到先服务，但也允许优先服务，如机器的小故障随到随修，生产线上的关键设备发生故障应立即排除
	及时制	顾客到达时，若所有服务台均被占用，顾客不肯等待，立即离开转向他处。为减少停机损失，用户往往寻求最及时的服务
	有限等待制	当顾客到达服务机构，不能马上接受服务，要排队等待，但队伍长、有限制，超过限制就不能再排，一方面是服务机构的服务空间和能力有限，不允许过多的顾客等待，另一方面是顾客权衡等待时间长短，太长则离去

项目	说　明
服务机构的结构	在设备维修中，服务机构的结构与维修生产的组织方式有关。当采用小组包修方式，仅有一个包修组时，是单队单服务台结构；有两个以上包修组时，是单队多服务台并列结构。当按部件流水法作业时，可以近似地认为是单队多服务台串联的结构。在此结构下，一些修理项目可以交叉进行，或是仅进行单一项目的服务，每个专业服务台前均可单独排队。由于各种作业时间的固有差别，把每个专业服务台作为子队列，能更有效地发挥各服务台的实际能力。常将整个维修部门看作单队单服务台结构

项目	说　　明
排队系统的优化	利用排队方法研究设备维修问题，最终要达到系统优化的目的与系统优化有关的各种费用，在稳态情况下都按单位时间考虑。其中，服务费用（包括实际消耗和空闲浪费）与设备待修的停机损失是可以确切计算或估算的；至于因排队过长而失掉潜在顾客的损失，就只能根据统计的经验资料来估计。服务水平也可以用不同形式来表示，主要是平均服务率，其次是服务台个数，以及服务强度等。在取得上述数据之后，就可以用微分法求出费用的最小值和利润的最大值

3. 维修信息管理

设备维修管理现代化，就是在维修管理工作中逐步用定量的客观推理管理方式补充和代替定性的直觉判断管理方式。在管理过程中，决策者往往必须在复杂、动态和不确定的情况下，从许多行动方案中选择一项最优的可行方案。维修管理的基本任务是有效地管理维修过程中的人力、物质、资金、设备和技术五种基本资源。

维修信息管理说明见表 7-7。

表 7-7　维修信息管理说明

项目	说　　明
维修决策与信息的关系	维修决策按其权限范围的不同大体可分为三个层次，即维修战略决策、战术决策和业务活动决策。维修体制的确定、维修方法的制定、维修网点的规划布局等，属维修战略决策；维修周期的调整、维修方针和维修手段的改革等，属维修战术决策；维修计划的制定、送修和报废、维修工艺的选择、配件材料的补充及人力和设备的安排等，属维修业务活动决策 　　任何决策，必须事先通过各种方式收集与决策问题有关的信息，作为决策的基础。决策者通过对信息的分析、判断和推理，得出各种解决问题的方案，从中择优作出决策并付诸实施；在实施过程中产生的新信息反馈回来，决策者据此再修改决策或重新制定决策。由此可见，决策过程同时也形成一个信息流程。信息系统是为支援决策系统而产生的，维修管理人员了解情况、调查研究等，都是获取信息，这些收集和处理信息的工作直接提高了维修管理的效率和水平
收集维修信息的作用	①根据信息可以摸清设备故障的规律，以便及时采取措施，保证设备正常运行 ②使维修管理从定时维修或事后维修逐步过渡到视情维修 ③全面、准确地掌握设备运行状态和维修情况，帮助维修人员总结经验，不断提高维修水平 ④及时向设计制造部门反馈产品质量，为设计制造部门不断改进产品设计、提高产品质量提供可靠依据

项目	说　明
维修信息的分类及收集内容	维修信息可分为技术信息和管理信息两类。维修技术信息指技术说明书、维护规程、技术标准、工艺要求、改装图纸以及涉及维修的各种技术数据如油耗、功率、温度、压力、间隙、振动等。维修管理信息则指故障、维修次数、寿命、维修工时、维修费用、备件需要量、材料消耗量等 维修管理数据资料可分为以下七类： **类别 / 说明表** **设备状况**：机械设备的型号、出厂日期、修理次数、最近修理日期、工作时间、寿命、检修原因等 **运行数据**：运行时数、停机时间、从事何种作业等 **维修工作数据**：工时消耗、维修项目、维修类别、工作进度等 **人员组织数据**：维修人员和管理人员姓名、数量、技术等级等 **材料供应数据**：材料周转情况、备件及材料的品种和数量、备件库存量、加工件及修复件入库量等 **维修费用数据**：维修人员工资、设备折旧费、材料费、工时费等 **维修保障设备数据**：维修设备状况、工作负荷、检测仪器、校验等
维修管理信息系统	维修管理信息系统的基本模式如图 7-1 所示，它是在实施过程中通过信息处理的环节把维修管理职能连接起来而成的。维修单位收集外部和内部的资料并加以整理而获得情报信息，根据信息结合自己的条件制定出计划，并将计划的各项指标分解成新的信息，自上而下和自下而上反复落实，付诸行动，然后将执行情况与计划目标进行比较，产生出表示偏差的新信息并反馈回去，以便及时控制计划的执行。在这个信息流程中，过程①是资料加工处理过程，输出的是供决策用的情报；过程②是决策过程，输出的是决策后的结果；过程③是执行过程，如计划的执行，输出的结果是执行情况；通过反馈，将执行结果与计划目标对比获得表示偏差的新信息，反馈给输入部门以便及时进行调整控制

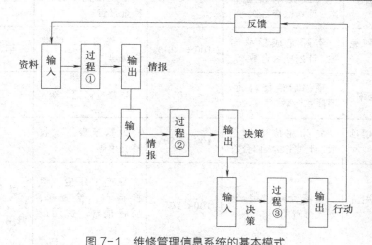

图 7-1　维修管理信息系统的基本模式

4. 维修经济管理

（1）设备维修经济管理的内容　设备维修经济管理主要是对设备的维修费用及各种影响因素进行控制。设备维修经济管理的内容包括维修经济管理的标准、维修的定额以及维修费用的统计、核算和分析等。

（2）制定机械设备维修技术经济指标的原则　为了改进机械设备的维修管理，提高企业的经济效益，必须制定一定的机械设备维修技术经济指标，并认真进行考核和分析。制定机械设备维修技术经济指标的原则如下：指标的定义要科学，要能揭示管理工作的本质，要能解释统一；可比性强，有统一参照标准或定额；能定量表示，有一定的计算公式和计量单位；数据便于采集。

表 7-8 列出了可供参考的机械设备维修常用技术经济指标。表中的万元产值维修费和万元设备维修费是企业设备维修经济性的两项主要指标。为了减少设备维修管理费用，应对设备维修队伍及生产部门进行考核。设备管理部门对维修专业队伍应做实际维修费用支出情况、计划检修任务完成情况、检修质量、检修停机时间、维修工时、油料的消耗与回收情况及对设备技术状态的保障等情况进行全面考核，还要对生产部门进行设备管理的全面考核，包括维修组织健全程度、定人定机日常保养情况、设备均衡检修情况及设备技术状态的维修保养情况等。

表 7-8　机械设备维修常用技术经济指标

项目	表达公式	参考值	检查内容	备注
定期保养计划完成率	实际完成保养台次/计划保养台次	（100±50）%	定期保养计划及保养记录	
定期检查计划完成率	实际完成检查台次/计划检查台次	＞95%	定期检查计划表，检查报告	
项修计划完成率	实际完成项修台数/计划项修台数	（100±10）%	项修报表，验收移交单	年、季考核
项修返修率	项修后返修台数/项修总台数	＜10%	项修返修记录等	
大修计划项目完成率	实际完成大修台数/计划完成大修台数	（100±15）%	大修报表，验收移交单等	
大修费用完成率	实际大修费用/计划大修费用	（100±10）%	修理工作量，更换清单，检查单，质量报告，费用记录	大修费用包括结合大修的改造费用

项目	表达公式	参考值	检查内容	备注
大修返修率	大修后经返修的台数/大修总台数,或大修后返修工时/大修总工时	<1%	年、季大修及返修记录,大修、返修工时记录	考核大修质量用
故障停机率	故障停机时间/(生产运转时间+故障停机时间)	<1%	故障记录,开动时数记录	
设备事故率	设备事故发生次数/主要生产设备台数	0	事故报告,考核期设备台账	设备事故次数为一般事故、重大事故之和
万元产值维修费	考核期内维修费/考核期内总产值		维修费用记录汇总表和总产值统计表	维修费用包括全部检查、维护和修理的直接与间接费用
万元设备维修费	考核期内维修费/设备固定资产值		维修费用记录汇总表和设备资产统计表	
资金利税率	实现利税/年资金平均占用额		资金汇总表,财务结算表	年资金平均占用额=固定资产净值年平均占用额+定额流动资金年平均占用额
维修工时利用率	实际消耗的维修工时/按人时计的可利用维修工时			
设备新度系数	全部生产设备固定资产净值/全部生产设备固定资产原值		设备资产统计表	
设备完好率	全部机械设备的完好台日/全部机械设备的日历台日,或(全部机械设备日历台日-维修台日)/全部机械设备的日历台日	80%~90%	考核期内机械设备的修理台账和设备台账	

（3）设备维修费用的核算　见表7-9。

表7-9　设备维修费用的核算

项　目	说　　明
日常维修费	包括材料费和劳务费两大项： ①材料费包括配件和备件费、燃油费、辅助材料费等 ②劳务费包括维修人员工资、协作加工费等 以上各种费用应逐项统计，逐月上报
大修费	包括材料费、劳务费、动力费、车间经费等： ①材料费包括各种材料、配件和备件费 ②劳务费包括维修人员工资、协作加工费等 ③动力费包括水、电、压缩空气和蒸汽等能源消耗费 ④车间经费包括办公费、差旅费、运输费、劳保费、工具费、设备折旧费以及贷款利息、税金和低值易损品摊销费等

以上各项费用均应按修理任务单号分别由材料领用、工时记录、劳务支出等项原始单据进行统计核算，企业设备管理部门每月应根据各基层单位报送的原始资料进行汇总，对全企业的设备维修情况，包括维修计划完成情况、万元固定资产产值、万元产值维修费、故障停机率、设备完好率等进行综合评价。

设备维修费用应尽量按单台单项统计与核算。维修费用的统计与核算应以主要消耗定额为依据，要经常对构成实际成本的各项费用进行分析，找出降低成本的主要有效途径。

（4）维修系统效果评定　这是设备维修管理中不可缺少的一环。它是在具体目标指导下，对维修系统的各项活动进行考核，从而将这些活动推向更高水平的重要阶段。

进行维修系统效果评定的主要目的如下：对各项维修活动效果作出评价，检验为实现设备管理目标而制定并执行的措施；发现维修管理中的缺陷，及时采取更富有成效的措施；提高各类维修人员的积极性。其最终目标是提高企业的经济效益。

（5）提高设备维修经济效益的主要途径

① 从设备寿命周期费用最经济的角度出发，购置节能性、可靠性、维修性好的新设备，不要只关注一次性投资的大小，而要综合考虑设备运转过程中各项费用的支出。

② 要告诫设备的操作者，在设备的使用过程中，要正确操作，精心维护保养，避免非正常的磨损和损坏。

③ 实施科学的维修管理，选定最适宜的维修方式及相应的技术措施，使维修效果最佳化。

④ 运用状态监测及故障诊断技术，早期发现故障，适时进行维修。

⑤ 合理选择维修方法，努力运用新技术、新工艺、新材料进行改善性修复，延长零件使用寿命，提高维修工效，减少停机损失。

⑥ 积极、慎重地对设备进行改造，提高设备的可靠性和维修性。

⑦ 加强设备维修费用管理，包括加强劳动管理、工时管理、材料和备件管理，节约能耗，健全财务制度，健全维修经济责任制和奖惩制度等。

5. 维修质量管理

（1）维修质量标准　它是维修质量管理的依据。设备维修的质量标准主要是指技术标准和经济标准。这些标准在实施中，虽然常因对象不同，所选指标各有差异，但最终总要体现在适用性、可靠性、安全性、经济性等质量特性上。

一般来讲，设备所具有的质量特性是在设计阶段已经决定了的。在设备投入使用后，一旦发生故障或性能劣化，通过维修能恢复到出厂时的性能水平，即可认为是达到了维修的质量标准。因此，习惯上是把设备出厂时所具有的技术经济指标，作为维修的质量标准。这种做法其实并不全面，因为从本质上看设备质量好坏的真正标准，并不完全只是技术经济条件，还应包含用户的满足程度。设备出厂时所具有的设计性能，终归是人为制定的，制定时或是参考类似的产品，或是凭借以往的经验，或是按照主观的判断，或是限于当时的技术、工艺条件，总之是包括了许多主观因素，未必有充分的依据。一旦投入使用，才可能发现存在的缺点和问题，"先天不足"的设备，即使通过维修，恢复到出厂标准，仍不能满足用户的实际需要。技术是不断进步的，用户对设备质量的要求也是随时间、地点、条件而不断变化的，因而制定出的标准就不可能一成不变，要根据情况不断修改、完善。

合理地确定维修质量标准是一项十分复杂的工作，需要考虑多种因素，需要针对设备的实际使用要求，制定出适合设备大修、改造性维修、视情维修、项目维修、维持性维修等多种内容的维修质量标准。

（2）影响维修质量的因素　人员素质、设备状态、工艺方法、检验技术、维修生产环境、配件质量、使用情况都是影响维修质量的潜在因素。前五种存在于维修企业内部，属于企业本身的可控因素；后两种则在维修企业控制之外，但对维修质量影响极大。例如，更换的配件质量低劣，除设备的性能和寿命难以保证外，还可能会因突发事故造成人员伤亡；设备的使用保养差，损坏严重，即使经过大修也很难达到规定标准。可见，无论是企业内部或外部因素都不容忽视。这些因素所引起的质量波动可归纳为偶然原因和异常原因两类。

偶然原因是指引起质量微小变化，难以查明且难以消除的原因。如工人操作中的微小变化，配件性能、成分的微小差异，检测设备与测量读值的微小误差，环境条件的微小差异等。这些因素是不可避免的，但对质量影响不大，不必特别控制，随着管理水平的提高，会逐步得到改善。

异常原因是指引起质量异常变化，可以查明且可以消除的原因。如工人违反工艺规程或工艺方法不合理，设备和工装的性能、精度明显劣化，配件规格不符或质量低劣，检测误差过大等。这些因素是可以避免的，然而一旦发生将引起较大的质量波动，往往使工序质量失去控制。因此，应把这类原因作为质量控制的对象，及时查明并消除。

根据统计数据，先运用排列图找出主要问题，再针对主要问题进行分层次的因果分析，找出产生问题的主要原因，是确定影响质量因素的常用方法。

（3）维修质量控制　见表7-10。

表7-10　维修质量控制

项目	说　明
维修配件的质量控制	鉴于大多数维修配件是来自维修企业外部的配件生产厂，维修企业应以预防为主，配件质量控制工作的重点应放在选择最好的供应单位和外购配件的质量验收两个方面。衡量配件供应单位好坏的标准是：能否提供质量好的配件；能否及时地供应配件；能否按正确的数量供应配件；能否保持低的有竞争力的价格；能否提供好的售后服务。外购配件的质量控制主要要做好样品质量检验和成批配件的质量检验
维修过程的质量控制	①以日常预防为主的维修过程质量控制。首先是加强维修工艺管理，即制定正确的工艺标准和完整详细的作业规程，使操作者在作业过程中有章可循；其次是进行经常性的工序质量分析，随时掌握工序质量的现状及动向，以便及时发现和纠正偏差，使工序质量始终处于可控的稳定状态。分析的对象包括列入计划的质量指标和检验过程中发现的质量问题 　②关键工序的质量控制。抓维修过程的质量要从关键工序入手，因为质量不好并不是所有工序的质量都不好，往往只是某几道关键工序的质量不好。例如，与设备主要性能、寿命、安全性有直接关系的工序；质量不稳定、返修率高的工序；经试验或用户使用后反馈意见大的工序；对后续工序质量影响大的工序等均属此类。针对维修作业过程中的这些薄弱环节和关键部位，应在一定时期内，建立重点控制的管理点，集中人力、物力和技术，首先对影响质量的诸因素进行深入的分析，展开到可以直接采取措施的程度，然后对展开后的每一因素确定管理手段、检验项目、检验频次和检验方法，并明确标准，制定管理图表，指定负责人。通过关键工序的重点管理，整个维修作业线的维修质量将得到明显的改善

项目	说　明
维修过程的质量检验	检验是控制维修质量的重要手段，依据技术标准，对配件、总成、整机及工艺操作质量进行鉴定验收。机械和动力设备的验收是根据修理内容表，进行修理项目完成情况检查、更换件检查、精度和技术性能检查、空运转和负荷试验。通过检查验收，做到不合格的备件不使用，不合格的作业不转工序，不合格的总成不装配，不合格的整机不出厂。总成或整机装配的末道工序是检验的重点，应设立检验点，由专职检验人员把关。检验应选择合理的方式，既要能正确反映维修对象的质量情况，又要减少检验费用，缩短检验周期 检验要有计划和必要的体系，实行自检、互检和专职人员检验相结合的制度，发挥每个人的积极性，形成全员管理质量的局面。检验应具备先进可靠的手段，测试设备要有定期检查、维修制度，以保证检测的准确性。检验应能反映质量状况，为质量管理提供信息，因此质量记录必须完整，具有科学性和可追踪性
维修质量信息管理	设备维修质量信息包括与使用、维修有关的各种原始记录，如设备开动时的记录，故障类别、原因分析、修复方法、更换件清单的记录，保养内容、状况、技术问题等的记录，定期检测记录，事故记录，修前预检记录，修理内容、消耗、工序检验记录，试车验收记录等。有了这些信息就能够主动有效地指导维修作业，监督维修质量 维修质量信息的收集、记录、统计、分析、传递、反馈等项工作是由图7-2所示的维修质量信息反馈系统按照一定的路线和程序完成的。这个系统既包括维修系统内的质量信息反馈，又包括用户对维修系统的质量信息反馈。反馈循环不止，维修质量在循环中不断得到改善和提高

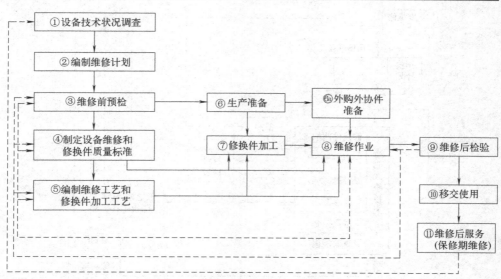

图 7-2　维修质量信息反馈系统

（4）维修质量监督　为了明确维修质量的责任，维护用户的合法权益，除在企业内部建立严格的检验制度外，广泛的社会监督也是必不可少的。实行社会监督，首先是制定统一的维修质量标准以及检验、测试规范和方法；其次是制定有约束力的维修法规，法规应包括设备在使用中的维修界限、维修配件的质量标准、设备生产厂家在设备投入使用后的经济寿命周期内应负的维修责任、维修网点的维修质量责任制等条款。在维修标准和法规完备的条件下，由各级维修质量监督部门对设备的维修质量进行重点或不定期的抽检，承担修理质量认证检验和修理质量争议仲裁检验，并负责追究责任者的行政或经济责任，维护用户和有关各方的合法权益。

第二节　机械设备的维修准备

一、设备维修前的准备

设备维修前的准备通常指大修前的准备，包括修前技术准备和修前物质准备，其完善程度、准确性和及时性会直接影响到大修作业计划、维修质量、维修效率和经济效益。设备大修前的技术准备工作内容及程序如图 7-3 所示。

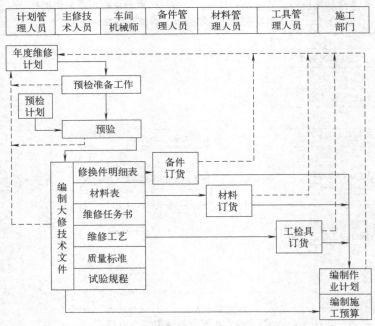

图 7-3　设备大修前的技术准备工作内容及程序

1. 预检

为了全面深入地掌握设备的实际技术状态，在修前安排的停机检查称为预检。

预检工作由主修技术人员主持，设备使用单位的机械师、操作人员和维修人员参加。预检的时间应根据设备的复杂程度确定。预检既可验证事先预测的设备劣化部位及程度，又可发现事先未预测到的问题，从而结合已经掌握的设备技术状态劣化规律，作为制定维修方案的依据。

预检方法见表7-11。

表7-11　预检方法

项目	说　明
预检前的准备工作	①阅读设备使用说明书，熟悉设备的结构、性能和精度及其技术特点 ②查阅设备档案，着重了解设备安装验收（或上次大修验收）记录和出厂检验记录；历次维修（包括小修、项修、大修）的内容，修复或更换的零件；历次设备事故报告；近期定期检查记录；设备运行中的状态监测记录；设备技术状况普查记录等 ③查阅设备图册，为核对、测绘修复件或更换件做好图样准备 ④向设备操作人员和维修人员了解设备的技术状态：设备的精度是否满足产品的工艺要求，性能是否下降；气动、液压系统及润滑系统是否正常和有无泄漏；附件是否齐全；安全防护装置是否灵敏可靠；设备运行中易发生故障的部位及原因；设备当前存在的主要缺陷；需要修复或改进的具体意见等 　将上述各项调查准备的结果进行整理、归纳，可以分析和确定预检时需解体检查的部件和预检的具体内容，并安排预检计划
预检的内容	在实际工作中，应从设备预检前的调查结果和设备的具体情况出发，确定预检内容。下面为金属切削机床类设备的典型预检内容，仅供参考： ①按出厂精度检验标准对设备逐项检验，并记录实测值 ②检查设备外观，查看有无掉漆，指示标牌是否齐全清晰，操纵手柄是否损伤等 ③检查机床导轨，若有磨损，测出磨损量，检查导轨副可调整镶条尚有的调整余量，以便确定大修时是否需要更换 ④检查机床外露的主要零件如丝杠、齿条、光杠等的磨损情况，测出磨损量 ⑤检查机床运行状态，各种运动是否达到规定速度，尤其高速时运动是否平稳、有无振动和噪声，低速时有无爬行，运动时各操纵系统是否灵敏可靠 ⑥检查气动、液压系统及润滑系统，系统的工作压力是否达到规定，压力波动情况，有无泄漏，若有泄漏，查明泄漏部位和原因 ⑦检查电气系统，除常规检查外，注意用先进的元器件替代原有的元器件 ⑧检查安全防护装置，包括各种指示仪表、安全联锁装置、限位装置等是否灵敏可靠，各防护罩有无损坏 ⑨检查附件有无磨损、失效 ⑩部分解体检查，以便根据零件磨损情况来确定零件是否需要修复或更换。原则上尽量不拆卸零件，尽可能用简易方法或借助仪器判断零件是否磨损，对难以判断磨损程度的零件和必须核对、测绘图样的零件才进行拆卸检查
预检的要求	①全面掌握设备技术状态劣化的具体情况，并做好记录 ②明确产品工艺对设备精度、性能的要求 ③确定需要修复或更换的零件，尤其要保证大型复杂铸锻件、焊接件、关键件和外购件的修复或更换 ④核对或测绘的更换件和修复件的图样要准确可靠，保证制造或修配的顺利进行

项目	说　明
预检 的步骤	①做好预检前的各项准备工作，按预检内容进行 ②在预检过程中，对发现的故障隐患必须及时加以排除 ③预检结束要提交预检结果，在预检结果中应尽量定量地反映检查出的问题。如果根据预检结果判断不需要大修，应向设备主管部门提出改变维修类别的意见

2. 编制大修技术文件

通过预检和分析确定维修方案后，必须准备好大修用的技术文件和图样。设备大修技术文件和图样包括维修技术任务书，修换件明细表及图样，材料明细表，维修工艺，专用工、检、研具明细表及图样，维修质量标准等。这些技术文件是编制维修作业计划、指导维修作业以及检查和验收维修质量的依据。

编制大修技术文件详见表 7-12。

表 7-12　编制大修技术文件

项目	说　明
编制维修 技术任务书	维修技术任务书由主修人员编制，经机械师和主管工程师审查，最后由设备管理部门负责人批准。设备维修技术任务书包括如下内容： ①设备修前技术状况。包括说明设备维修前工作精度下降情况，设备主要输出参数的变化情况，基础件、关键件、高精度零件等主要零部件的磨损和损坏情况，液压系统、润滑系统的缺损情况，电气系统的主要缺损情况，安全防护装置的缺损情况等 ②主要维修内容。包括说明需要设备整体或个别部件解体、清洗和检查零件的磨损和损坏情况，确定需要修复或更换的零件，扼要说明基础件、关键件等的维修方法，说明必须仔细检查和调整的机构，结合维修需要进行改善的部位和内容 ③维修质量要求。对装配质量、外观质量、空运转试验、负荷试验、几何精度和工作精度检验进行逐项说明，并按相关技术标准检查验收
编制修换件 明细表	修换件明细表是设备大修前准备备品配件的依据，应力求准确
编制材料 明细表	材料明细表是设备大修准备材料的依据。设备大修材料可分为主材和辅材两类。主材是指直接用于设备修理的材料，如钢材、有色金属、电气材料、橡胶制品、润滑油脂、油漆等。辅材是指制造更换件所用材料、大修时用的辅助材料，不列入材料明细表，如清洗剂、擦拭材料等

项　目	说　　明
编制维修工艺规程	设备维修工艺规程应具体规定设备的维修程序、零部件的维修方法、总装配与试车方法及技术要求等，以保证大修质量。它是设备大修时必须认真遵守和执行的指导性技术文件 编制设备大修工艺规程时，应根据设备维修前的实际状况、企业的维修技术装备和维修技术水平，做到技术上可行，经济上合理，切合生产实际要求。设备维修工艺规程通常包括下列内容： ①整机和部件的拆卸程序、方法以及拆卸过程中应检测的数据和注意事项 ②主要零部件的检查、维修和装配工艺以及应达到的技术条件 ③关键部位的调整工艺以及应达到的技术条件 ④总装配的程序和装配工艺，应达到的精度要求、技术要求以及检查方法 ⑤总装配后试车程序、规范及应达到的技术条件 ⑥在拆卸、装配、检测及修配过程中需用的通用或专用工具、研具、检具和量仪 ⑦维修作业中的安全技术措施等
大修质量标准	设备大修后的精度、性能标准应能满足产品质量、加工工艺要求，并要有足够的精度储备。大修质量标准主要包括以下几方面的内容： ①设备的工作精度检验标准 ②设备的几何精度检验标准 ③空运转试验的程序、方法及检验的内容和应达到的技术要求 ④负荷试验的程序、方法及检验的内容和应达到的技术要求 ⑤外观质量标准

在机械设备大修验收时，可参照国家和有关部委等制定和颁布的一些机械设备大修通用技术条件，如金属切削机床大修通用技术条件、桥式起重机大修通用技术条件等。若有特殊要求，应按其维修工艺、图样或有关技术文件的规定执行。企业可参照机械设备通用技术条件编制本企业专用机械设备大修质量标准。没有以上标准，大修则应按照该机械设备出厂技术标准作为大修质量标准。

3. 设备修理定额

设备修理定额是编制设备维修计划、组织维修业务的依据，是设备维修工艺规程的重要内容之一。合理制定设备修理定额能加强维修计划的科学性和预见性，便于做好维修前的准备，使维修工作更加经济合理。

设备修理定额见表 7-13。

表 7-13　设备修理定额

项　目	说　　明
设备修理复杂系数	又称修理复杂单位或修理单位。修理复杂系数是表示机械设备修理复杂程度的一个数值，是计算修理工作量的假定单位。这种假定单位的修理工作量，是以同一类的某种设备的修理工作量为代表的，它是由设备的结构特点、尺寸、大小、精度等因素决定的，设备结构越复杂、尺寸越大、加工精度越高，则该设备的修理复杂系数越大。如以某一设备为标准设备，规定其修理复杂系数为1，则其他设备的修理复杂系数，便可根据其自身的结构、尺寸和精度等与标准设备相比较来确定。这样在规定出一个修理单位的劳动量定额以后，其他各种设备就可以根据它的修理单位来计算其修理工作量了，同时也可以根据修理单位来制定修理停歇时间定额和修理费用定额等

项目	说　明
修理劳动量定额	是指企业为完成设备的各种修理工作所需要的劳动时间，通常用一个修理复杂系数所需工时来表示
修理停歇时间定额	是指设备交付修理开始至修理完工验收为止所花费的时间。它是根据修理复杂系数来规定的，一般来讲修理复杂系数越大，表示设备结构越复杂，而这些设备大多是生产中的重要、关键设备，对生产有较大的影响，因此要求修理停歇时间尽可能短些，以利于生产
修理周期和修理间隔期	修理周期是相邻两次大修之间机械设备的工作时间。对新设备来说，是从投产到第一次大修之间的工作时间。修理周期是根据设备的结构与工艺特性、生产类型与工作性质、维护保养与修理水平、加工材料、设备零件的允许磨损量等因素综合确定的。修理间隔期则是相邻两次修理之间机械设备的工作时间
修理费用定额	是指为完成机械设备修理所规定的费用标准，是考核修理工作的费用指标。企业应讲究修理的经济效果，不断降低修理费用定额

二、设备维修方案的确定

1. 维修的一般过程

机械设备维修的工作过程一般包括解体前整机检查、拆卸部件、部件检查、必要的部件分解、零件清洗及检查、部件修理装配、总装配、空运转试验、负荷试验、整机精度检验、竣工验收。在实际工作中应按大修作业计划进行，并同时做好作业调度、作业质量控制以及竣工验收等主要管理工作。

机械设备的大修过程见表 7-14。

表 7-14　机械设备的大修过程

阶段	说　明
修前准备	为了使维修工作顺利地进行，维修人员应对设备的技术状态进行调查和检测，了解设备的主要故障、磨损程度、精度丧失情况；熟悉设备使用说明书、设备的结构特点和传动系统、历次维修记录和有关技术资料、维修检验标准等；确定设备维修工艺方案；准备工具、检测器具和工作场地等；确定修后的精度检验项目和试车验收要求。这样就为整台设备的大修做好了各项技术准备工作，修前准备越充分，维修质量和维修进度越能得到保证

阶段	说　明
实施维修	首先应采用适当的方法对设备进行解体，按照与装配相反的顺序和方向，即"先上后下，先外后内"的方法，正确地解除零部件在设备中相互间的约束，把它们顺序地、尽量完好地分解出来并妥善放置，做好标记，要防止零部件的拉伤、损坏、变形和丢失等 对已经拆卸的零部件应及时进行清洗，对其尺寸和形位精度及损坏情况进行检验，然后按照维修类别、维修工艺进行修复或更换。对修前的调查和预检进行核实，以保证修复或更换的正确性。对于具体零部件的修复，应根据其结构特点、精度高低并结合修复能力，拟定合理的维修方案和相应的修复方法，进行修复直至达到要求 零部件修复后即可进行装配，设备整机的装配工作以验收标准为依据进行。装配工作应选择合适的装配基准面，确定误差补偿环节的形式及补偿方法，确保各零部件之间的装配精度，如平行度、同轴度、垂直度以及传动的啮合精度等 在施工阶段，应从实际情况出发，及时地采取各种措施来弥补大修前预测的不足，并保证维修工期按计划或提前完成
修后验收	修后装配调整好的设备，都必须按有关规定的精度检验标准或修前拟定的精度项目，进行各项精度检验和试验，如几何精度检验、空运转试验、负荷试验和工作精度检验等，全面检查衡量所修设备的质量、精度和工作性能的恢复情况 应记录对原技术资料的修改情况和维修中的经验教训，做好维修后的工作小结，与原始资料一起归档，以备下次大修时参考

2. 维修方案的确定

机械设备的维修不但要达到预定的技术要求，而且要力求提高经济效益。因此，在维修前应切实掌握设备的技术状况，制定经济合理、切实可行的维修方案，充分做好技术和生产准备工作。在实施维修的过程中要积极采用新技术、新材料和新工艺，以保证维修质量，缩短停修时间，降低维修费用。待修设备必须通过预检，在详细调查了解设备维修前的技术状况、存在的主要缺陷和产品工艺对设备的技术要求后，再确定维修方案。

维修方案的主要内容如下。

① 按产品工艺要求，确定设备的出厂精度检验标准以满足生产需要，如果个别主要项目的精度不能满足生产需要，应采取工艺措施提高精度，同时确定哪些精度项目可以免检。

② 对多发性重复故障部位，分析改进设计的必要性与可能性。

③ 对关键零部件，如精密主轴部件、精密丝杠副、分度蜗杆副的维修，需确保维修人员的技术水平和条件可以胜任。

④ 对基础件，如床身、立柱和横梁等的维修，采用磨削、精刨或精铣工艺，考虑在本企业或本地区其他企业实现的可能性和经济性。

⑤ 为了缩短维修时间，确定哪些部件采用新件比修复原件更经济。

⑥ 分析本企业的承修能力，如果本企业不能胜任和不能实现对关键零部件、基础件的维修工作，应与外企业联系并达成初步协议，委托其他企业维修。

参 考 文 献

［1］ 谷定来.图解车工入门.北京：机械工业出版社，2017.

［2］ 钟翔山.机械设备维修全程图解.北京：化学工业出版社，2019.

［3］ 黄志坚.机械故障诊断技术及维修案例精选.北京：化学工业出版社，2016.